KB125409

스스로 잘하는
아이로 키우는
0~7세 최강의 부모 습관

# 적당히
# 육아법

스스로 잘하는
아이로 키우는
0~7세 최강의 부모 습관

# 적당히
# 육아법

하세가와 와카 지음

황미숙 옮김

웅진 리빙하우스

# 혹시 자기만족을 위해
# 아이를 키우고 있지는 않나요?

자녀가 바르게 잘 자라기를 바라는 마음은 아이를 키우는 부모라면 모두가 같을 것입니다.

공부 잘해서 좋은 대학 들어가고, 대기업에 취직하고, 멋진 배우자를 만나 결혼하는 식의 틀에 박힌 삶을 바라는 부모는 많이 줄어들었을지도 모르겠지만요.

하지만 부모 말 잘 듣고, 누구에게나 상냥하고 배려심 있으며, 음식을 가리지 않고 골고루 먹고, 일찍 자고 일찍 일어나며, 놀기만 하지 않고 공부도 했으면 하는 등의 희망사항을 가진 부모는 여전히 많을 것입니다. '어째서 우리 애는 아무리 말해도 안 되는 거야!' 하고 화가 치미는 마음도 물론 이해는 됩니다. 저 역시 한 아들을 키우는 부모니까요.

하지만 냉정하게 생각해보면 부모가 화를 내는 이유는 대부분 '우리 아이는 이러했으면 좋겠다'라는 바람대로 자녀가 행동하지 않기 때문입니다. 자녀를 잘 키우고 싶은 마음은 이해하지만, 그걸 말로 표현하는 방식에 대해서는 솔직히 의문이 듭니다.

우선 이런 식의 교육을 받으면 정말 아이가 잘 자라는가? 그리고 끈질기게 계속 말하면 전혀 말을 듣지 않던 아이가 부모가 바라는 대로 움직여주는가 하는 의문 말이에요.

실은 꽤 많은 교육 방식이 아이를 잘 키우는 쪽이 아니라, 오히려 불필요하거나 아이의 정신적 성장을 멈추게 만드는 나쁜 방향으로 향하고 있거든요.

가령 늘 꾸물거리는 아이에게 "빨리빨리 해!"라고 말했다고 해볼게요. 사실 이 아이는 곰곰이 생각해서 주체적으로 행동하느라 굼떠 보일 수 있습니다. 이런 아이에게 재촉을 하는 것은 아이가 생각하는 행위를 방해하는 셈입니다. 상세한 내용은 2부 '02. 느리게 움직이는 아이에게 재촉하지 않기'에서 설명하겠습니다.

반면에 모두 다 그렇다는 이야기는 아니지만, 빠르게 움직이는 아이는 반사적으로 반응하는 것일 뿐 생각하는 습관이 부족할 수도 있습니다.

그 밖에도 예를 들자면 다음 내용이 아이를 잘 키우는 올바른 방법입니다.

- 인사하라고 시키지 않기
- 다른 사람의 입장에서 생각해보라고 하지 않기
- 집안일을 돕다가 장난을 쳐도 혼내지 않기
- 친구를 가려 사귀어도 지켜봐주기
- 억지로 방을 정리하게 하지 않기
- "왜요?"라고 물을 때 정답에 집착하지 않기
- 부모도 아이도 밤이면 열 일 제쳐두고 자기
- 편식을 해도 너무 신경 쓰지 않기
- 아이가 자기중심적이라도 문제라고 여기지 않기
- 억지로 글자 공부를 시키지 않기
- 퀴즈나 문제 풀이를 틀려도 바로잡지 않기

'말도 안 돼! 전부 반대로 해야 하는 것 아니야?'라고 생각하시나요? 하지만 여러분을 놀래킬 생각으로 얼토당토않은 이야기를 하는 것이 아닙니다.

하버드대학, 옥스퍼드대학, 스탠퍼드대학, 도쿄대학 등 여러 연구기관의 유아에 관한 연구논문을 1,000건도 넘게 읽어보고 내린 결론이에요. 이렇게 모은 최강의 육아법을 이 책 한 권에 담았습니다.

## 과학적으로 증명된 '적당히' 육아의 효과

수많은 육아 관련 논문을 살펴보다가 공통점을 하나 발견했습니다. 바로 '적당히'였어요. 저는 아이를 제대로 키우는 방법을 몰라 고민이 깊던 중 육아 관련 공부를 하게 되었고, 수많은 연구논문에서 '적당히'라는 공통된 육아법을 발견했습니다. 그래서 제 아이를 '적당히' 키우기 시작하고부터 아이에게도 저에게도 긍정적인 변화가 찾아왔습니다.

'적당히'는 어떤 일은 꼭 이렇게 해야만 한다며 집착하지 않고, '굳이 집착하지 않아도 될 일에는 마음을 내려놓는다'는 뜻입니다. 그렇다고 아이를 거칠게 다룬다거나, 완전히 방치하라는 말이 아님을 기억해주세요!

'적당히'를 받아들이면 부모는 화를 덜 내게 되고 아이는 자유롭고 자립적으로 무럭무럭 자라는 등 각종 장점을 많이 경험하실 겁니다.

게다가 앞서 말씀드린 것처럼 제 개인의 생각이나 경험에서 나온 것이 아니라, 세계적으로 1,000건 이상의 육아 관련 연구논문에서 찾아낸 내용이니만큼 과학적으로도 근거가 있습니다. '적당히' 육아를 권하고, 또 방법 하나하나에 과학적 근거가 있다는 것을 보여주는 육아서를 저는 아직 찾아보지 못했습니다.

저는 이 책에서 실제로 200명이 넘는 아이들에게 적용한 뒤에 97퍼센트의 어머니로부터 좋은 평가를 받은 방법만을 엄선해서 소개하려고 합니다. 이 책에 실린 육아법의 대상은 0~7세 미취학 아동입니다. 다만, 본문의 예시는 만 나이라는 점을 말씀드립니다.

그런데 '적당히'라고 말은 하지만 어떻게 하면 좋을지 막연한 분들도 있을 겁니다. 걱정하지 않으셔도 돼요. 책에서 육아 고수의 '적당히'를 간단하면서도 구체적으로 알려드릴 테니까요.

이 책을 읽으면서 지금까지 '아이에게 좋은 육아법'이라고 생각해서 애써온 많은 방법이 오히려 나쁜 방법이었다는 것을 깨닫게 될 것입니다. 완벽주의에다 노력하는 엄마일수록 이 책을 읽어보길 바랍니다.

자, 오늘부터라도 어깨에 힘을 빼고 '적당히' 육아를 실천해보세요. 마음에 여유가 생기니 아이의 우스꽝스러운 행동이 유쾌하게 보이고, 어느새 이만큼 컸구나 싶은 아이의 성장이 눈에 들어옵니다. 아이와 함께하는 시간이 이토록 즐거운 거구나 싶은 순간도 많아질 거예요.

그것이 바로 이 책을 쓰면서 제가 가장 바란 일입니다.

| 차례 |

**머리말** 혹시 자기만족을 위해 아이를 키우고 있지는 않나요? • 4

**1부 적당히 육아를 시작하기 전 부모가 알아야 할 5가지**

**O1 부모 스스로 자신을 사랑하기** • 18
　　수고하는 자신에게 이따금 선물을 주세요

**O2 아이를 키우면서 짜증이 나거나 초조한 것은 정상** • 22
　　짜증 경보가 울려도 스스로를 책망하지 마세요

**O3 남의 육아와 비교하지 않기** • 26
　　아이는 부모를 비교하지 않아요

**O4 아이와 간지럼 태우기 하기** • 31
　　아이를 웃게 해주세요, 저절로 육아가 됩니다

**O5 하루 1분 멍 때리기** • 34
　　뇌의 쓰레기를 말끔히 청소해줘요

## 2부 소통 능력과 자신감을 키우는 적당히 육아법

01 억지로 의욕을 끌어내지 않기 · 38
아이가 하고 싶어할 때까지 기다려주세요

02 느리게 움직이는 아이에게 재촉하지 않기 · 42
우리 아이는 생각하느라 행동이 느린 거예요

03 참지 못하는 아이에게 참으라고 하지 않기 · 44
아이가 산만하다면 안정감을 느낄 수 있도록
미소를 지어주세요

04 기약 없이 기다리라고 하지 않기 · 48
"10분만 기다렸다가 같이 공원에 놀러 가자"라고
말해주세요

05 "인사해"라고 하지 않기 · 52
부모가 먼저 아이 친구에게 눈높이를 맞춘 자세로
인사해주세요

06 생후 18개월까지는 훈육하지 않기 · 55
문제가 일어나지 않을 환경을 만들어주세요

07 결과만 보고 꾸짖지 않기 · 59
부모의 태도에 따라 아이의 창의력이 살아날 수도
죽을 수도 있어요

08 "다른 사람의 입장에서 생각해봐"라고 하지 않기 · 63
야단치지 말고 아이의 관점에서 설명해주세요

09 규범을 저절로 익히는 상징놀이 · 66
아이와 함께 역할놀이를 자주 하세요

10 "몇 번을 말해야 알아듣니?" 대신 "괜찮아!" · 70
아이에게 긍정적인 셀프 이미지를 심어주세요

11 **"~하면 안 돼"라고 하지 않기** · 75
부정어를 사용하면 아이에게 부모의 뜻이
정확하게 전달되지 않아요

12 **자만하더라도 내버려두기** · 78
아이에게 자기긍정감을 선물해주세요

13 **집안일을 돕다가 놀이로 바뀌어도 괜찮아** · 81
다른 사람을 돕는 기쁨을 느끼게 해주세요

14 **집안일을 도와주어도 보상을 제공하지 않기** · 84
보상에 길들면 돕는 기쁨이 사라져요

## 3부 공감 능력과 사고력이 자라는 적당히 육아법

15 **착한 아이가 되라고 하지 않기** · 88
부모가 솔선하면 아이도 따라 해요

16 **손가락으로 이것저것 가리키는 아이에게 즐겁게 반응하기** · 92
손가락 포인팅은 마음의 표현이에요

17 **만 3세까지는 타인을 잘 돕지 못해도 괜찮아** · 96
착한 마음을 길러주려면 아이의 마음에 공감해주세요

18 **특정한 친구만 좋아하더라도 신경 쓰지 않기** · 100
아이들은 친하게 지내기도 하고 짓궂게 굴기도 하면서
자라요

19 **아이를 많이 안아주기** · 104
아이와 스킨십을 자주 하면 아이의 뇌에서
행복 호르몬이 분비돼요

**20** 사이좋은 친구하고만 놀아도 걱정하지 않기 · 106
사이좋은 친구와 많이 놀면 공감하는 뇌의 회로가 강화돼요

**21** 야단치기보다는 상대방의 상황을 알려주기 · 109
아이가 친구의 아픔에 공감하도록 이끌어주세요

**22** 강요하지 말고 아이가 선택하도록 하기 · 111
스스로 결정한 일에서 더 큰 기쁨을 느껴요

**23** 아이의 고집과 집착이 추상적 사고력의 밑거름 · 113
아이의 고집을 나무라지 말고 아이 나름의 분류를
함께 즐기세요

**24** 많이 마주 보고 힘껏 안아주어 추상적 사고력 단련하기 · 117
아이처럼 놀며 말을 걸어주면 아이가 똑똑해져요

**25** 방 정리를 억지로 시키지 않기 · 121
"자, 이제 정리하자"라고 말하며 부모가 직접 치우세요

**26** 아이의 실수를 바로잡지 않기 · 123
스스로 조금씩 깨닫고 고치면서 분류하는 힘을 길러요

**27** "왜요?"라고 물을 때 정답에 집착하지 않기 · 126
대답하기 곤란한 질문에 비슷한 사례를 얘기해주면
분류하는 힘을 키울 수 있어요

**28** 어려운 질문에 사실을 답하려고 애쓰지 않기 · 130
설명을 들어도 이해할 수 없는 이야기는 아이에게
오히려 해로울 수도 있어요

# 4부 0~7세 적당히 생활 습관: 수면, 식사, 놀이

**29** 아이의 수면 리듬 조율해주기 · 136
인내심을 갖고 서서히 밤이면 자고 아침이면 일어날 수
있는 환경을 만들어주세요

**30** 아이가 밤중에 깨도 상대하지 말고 얼른 재우기 · 140
편히 잠잘 수 있도록 자기 전에 아이의 기분을 풀어주세요

**31** 부모도 밤이면 집안일은 제쳐두고 충분히 자기 · 145
충분히 자야 건강한 정신과 신체로 아이에게 사랑을
듬뿍 줄 수 있어요

**32** 발표회 전날에는 충분히 재우기 · 149
잠만 잘 자도 몸으로 익힌 기억을 훨씬 강화할 수 있어요

**33** 편식을 해도 너무 신경 쓰지 않기 · 153
부모도 똑같이 먹고, 함께 식사 준비를 하고,
무엇보다 즐겁게 식사하세요

**34** 식사시간은 30분 안에 끝내기 · 158
재촉하지 않아야 더 잘 먹어요

**35** 끼니마다 먹는 양이 다르다고 예민해지지 않기 · 161
하루에 섭취한 총에너지의 양은 거의 비슷해요

**36** 영상을 보면서 먹는 것을 막는 간단한 방법 · 165
부모가 좋아하는 라디오 프로그램을 틀어놓으세요

**37** 젓가락 사용을 서두르지 않기 · 169
'손으로 집어 먹기 → 숟가락과 포크 → 젓가락' 순으로 진행하세요

**38** 텔레비전과 스마트폰 동영상 현명하게 활용하기 · 173
적당히 쉬고, 적당히 학습하는 최적의 수단이 될 수 있어요

**39** 머리가 좋아지는 놀이는 따로 없다 · 178
놀면서 온 힘을 발휘하는 경험을 하고 자신의 능력을
더 높이고자 도전해요

**40** 자기중심적이라도 염려하지 않기 · 182
아이들은 다투면서 분쟁에 대응하는 힘을 키워요

**41** 놀기만 하는 어린이집/유치원일수록 좋다 · 188
바깥에서 자유로이 놀게 할수록 공부머리와 운동신경이
함께 발달해요

**42** 적극성이 부족해도 걱정하지 않기 · 194
나이가 다른 아이들과 놀 기회를 만들어주세요


**5부 0~7세 적당히 학습 습관: 국어와 수학을 놀이처럼 익히기**

**43** 사교육 시키지 않기 · 200
학습 습관은 사교육이 아니라 부모의 말 한마디로
만들 수 있어요

**44** 자연스레 책에 손이 가는 환경 만들기 · 204
시간을 정해 가족 독서 시간을 만들어보세요

**45** 억지로 글자를 쓰게 하지 않기 · 209
0~7세는 쓰는 힘보다 읽는 힘이 중요해요

**46** 아기의 언어로 말 걸어주기 · 212
말의 뜻은 반복하다 보면 자연스레 익혀요

**47** 아이의 대답을 5초 동안 기다리기 · 215
아이에게 말을 자주 걸어야 어휘력이 풍부해져요

**48** 그림책은 아이 지능을 높이는 최고의 교육 • 220
아이와 함께 그림책을 읽으면 부모도 성장할 수 있어요

**49** 초등학교에 들어갈 때까지 글짓기는 보류하기 • 228
유아기에는 즐겁게 그림을 그리는 것으로 충분해요

**50** 스스로 숫자를 세지 못한다고 초조해하지 않기 • 231
부모가 숫자를 많이 세어주면 어느덧 셀 수 있게 돼요

**51** 어느 쪽이 더 큰지 어림짐작할 수 있으면 안심하기 • 236
손가락 숫자를 많이 세게 해주세요

**52** 틀린 답을 써도 바로잡지 않기 • 241
가위표를 치면 공부에 흥미를 잃어요

**맺음말** 울고 있는 아이에게 말을 거는 건 실례예요 • 246

**참고문헌** • 249

1부

# 적당히 육아를
# 시작하기 전

# 부모가 알아야 할
# 5가지

# 01
## 부모 스스로 자신을 사랑하기

수고하는 자신에게
이따금 선물을 주세요

**아이의 행복을 바랄수록 부모의 불안이 커진다**

2014년에 일본후생노동성의 위탁조사로 미쓰비시UFJ리서치&
컨설팅이 실시한 '육아지원정책에 관한 조사'에서 출산 전에 아
이를 가지는 것에 대해 불안하지 않았다고 답한 엄마는 거의 절반
에 달했습니다.

하지만 이렇게 불안하지 않았다고 답한 사람들 중 40퍼센트가
실제로 아이를 키워보니 아이를 대하는 법에 자신이 없어졌다고
답했습니다.[1] 다시 말해 아이를 키우기 전에는 '나는 할 수 있어!'

라며 자신감을 갖고 있던 사람들이 실제로 아이를 키우면서 자신감을 잃어버리는 것이지요. 아이가 태어나기 전에 여러분은 어땠나요?

가령 발표회를 처음 치렀을 때, 큰 대회에 출전했을 때, 일생을 좌우할지도 모르는 중요한 시험을 볼 때 어떤 기분이었나요? 나름대로 연습하고 공부했지만 막상 실전에 닥치면 불안과 긴장으로 두 손에 땀이 찼을지 모릅니다. 아무리 자신만만한 사람이라도 중요한 상황에서 실수하지 않으려고 하면 할수록 '나는 못할지도 몰라……' 하고 부정적인 생각이 머리를 스치게 마련입니다.

마찬가지로 우리 아이만큼은 반드시 행복한 아이로 키우고 싶다는 바람이 클수록 부모는 불안하고 초조해지기가 쉬워요. 조바심이 나다 보면 아이를 다그치거나 "몇 번을 말해야 알아듣니?" 같은 말을 하게 됩니다. 이런 말을 자주 듣다 보면 아이는 올바른 행동이 무엇인지도 모르고 부정적인 인식을 갖게 되거나 공연히 대수롭지 않은 일에 신경을 쓰지요. '역시 나는 안 되겠어' 하며 의욕이 꺾일지도 모릅니다.

이렇게 조금씩 부모의 조바심이 쌓이다 보면 아이마저 여러 가지 일을 부정적으로 해석하게 되고 불안과 자기부정감이 강화됩니다.

## 아이를 위해서가 아니라 세상의 눈을 먼저 의식하는 것은 아닌지?

자기부정감이 강한 사람은 자신의 행동에 자신감이 없으며, 자신이 옳은지 그른지에 신경을 쓰면서 주위의 시선에 예민해지기 십상입니다.

그러면 마음속에 '사회의 시선'에 맞춘 가치관이 가득 들어차게 되지요. 아이에게 "조용히 앉아 있어야 해", "공원의 수돗물을 계속 틀어놓으면 안 돼", "친구들과 싸우면 안 돼"라고 말하는 것은 사실 아이를 위해서가 아니라, 주위의 시선에 부응하기 위한 것일지도 몰라요.

하지만 부모가 아무리 애써도 아이는 다른 사람들을 의식하며 행동하지 않습니다. 그러다 보니 도대체 몇 번을 말해도 알아듣지 못하는 아이를 있는 그대로 받아들이기가 힘들어요.

아이에게 짜증을 내는 부모들 중 상당수는 아이를 행복하게 키우고 싶은 마음에서 그랬을 거예요.

사람은 우선순위가 높은 한 가지, 또는 기껏해야 두 가지 일에 거의 모든 에너지를 씁니다. 아이가 태어나면 자신만을 위한 일, 가령 멋을 부리거나 취미활동을 하고 쇼핑을 즐기는 등의 일에 관심이 없어지는 사람이 많아요.

이것은 아이를 키우느라 바빠서도, 돈이 부족해서도 아니에요.

새로운 우선순위가 생겨 '자신만을 위한 일'의 우선순위가 내려갔기 때문입니다. 성실한 사람일수록 더 그렇습니다.

하지만 자기 마음대로 되는 것은 자신의 일뿐입니다. 좀처럼 뜻대로 되지 않는 아이 키우는 일에 많은 에너지를 쏟고 있는 엄마 아빠야말로 가끔은 자신만을 위한 일에 신경을 쓰고 자신을 더욱 사랑해야 해요.

자신을 위해 선물을 사서 멋진 상자에 넣어 예쁘게 포장해서 자신에게 주면 평소와는 다른 에너지가 솟을 거예요. 좀 더 편안한 마음으로 아이와 마주할 수도 있지요.

아이를 키우느라 수고하는 자신을 가끔은 의식적으로라도 사랑해주세요.

## 02
# 아이를 키우면서
# 짜증이 나거나 초조한 것은 정상

### 짜증 경보가 울려도
### 스스로를 책망하지 마세요

**예상하지 못한 일들이 짜증을 유발한다**

사람은 깨어 있는 동안에 뇌 속의 워킹메모리를 사용해 여러 가지 일에 대응해요. 워킹메모리란 스마트폰에 비유하자면 기억 용량 (메모리), 하나하나의 사건은 작동 중인 애플리케이션 같은 것입니다. 스마트폰과 마찬가지로 사람이 가진 워킹메모리의 용량은 한정되어 있으며, 각각의 사건에 할당되어 대응하고 있어요.

대응하지 못하는 상태는 긴급사태입니다. 동물에게 긴급사태란 생존의 위기예요. 뇌는 당장 교감신경을 활성화시켜 전투태세로 들어갑니다. 심장박동 수를 올려 산소를 가득 들이마시고, 연료인 포도당을 온몸으로 운반하는 스트레스 호르몬을 분비시키며, 아드레날린을 많이 배출해 흥분 상태로 만들고 싸움에 대비하지요.

하지만 대응이 불가능한 상태에서 서둘러 전투태세에 돌입하는 것은 위험천만합니다. 그래서 뇌는 워킹메모리의 잔여량이 줄어들면 아드레날린이나 스트레스 호르몬을 분비하며 전투 준비를 시작해요. 이것이 바로 짜증이 나는 상태입니다. 즉 초조하고 짜증이 난다는 것은 '워킹메모리가 얼마 안 남았다'는 경고이면서 언제든지 싸울 준비가 되었다는 뜻이지요.

바쁘게 저녁식사를 준비할 때를 생각해보세요. 가스레인지에 냄비를 올려놓고 채소를 썰고, 벨이 울리면 택배를 받고, 부엌으로 되돌아와 불을 조금 줄이기도 하지요. 배가 고프다며 보채는 아이에게 저녁 반찬인 방울토마토를 두 개 주고, 아이의 그릇에는 그만큼 적게 담는 등 많은 애플리케이션이 작동하고 있는 상태이므로, 워킹메모리의 용량은 늘 아슬아슬합니다. 혼자서 이 모든 일을 해야 하는 사람이라면 워킹메모리가 충분할 수가 없어요. 짜증 경보가 계속 울리는 것이 당연합니다.

한편 한 가지 일로도 워킹메모리를 대량으로 소비하는 경우가 있습니다. 바로 기대하지 못한 사건이 벌어졌을 때지요. 예를 들어 신경이 쓰이는 일(기대한 것과 다른 사건)이 있으면, 책을 읽어도 머리에 들어오지 않고 일도 손에 잡히지 않지요. 바로 워킹메모리가 낭비되고 있기 때문입니다.

아이를 키우는 시기에는 정성 들여 만든 음식을 아이들이 먹지 않거나, 화장실 문도 닫지 못한 채 볼일을 봐야 하거나, 쇼핑을 마음대로 못 하는 등 기대한 것과 다른 사건들로 가득합니다. 남편이나 아내가 전혀 도와주지 않는 것도 기대와는 다른 일이지요. 이럴 때 워킹메모리가 아주 많이 소모됩니다.

### 아이를 키우는 중에 짜증 나는 일이 많은 건 당연하다

같은 상태라도 짜증이 날 때와 그렇지 않을 때가 있습니다. 뇌는 상당히 복잡해서 완전히 밝혀지지는 않았지만, 뇌에서 마음을 진정시켜주는 안심 호르몬인 '세로토닌'이 분비되면 짜증이 덜 난다고 해요.[2]

세로토닌이 기대와 다른 사건으로 워킹메모리가 낭비되지 않도록 도와줍니다. 그러면 워킹메모리에 여유가 생기니 짜증 경보가 울리지 않아요.

여성은 생리 전에 쉽게 짜증이 납니다. 여성의 70~80퍼센트는 생리를 하기 전에 어떤 자각 증상이 있다고 해요. 여성호르몬 속에는 세로토닌의 작용을 돕는 것이 있습니다. 그러니 반대로 여성호르몬이 줄어들 때, 즉 배란 후에 수정이 되지 않고 생리가 가까워질 무렵에 짜증이 쉽게 납니다.[3]

게다가 여성의 몸에서는 출산하기 직전에 이 여성호르몬의 양이 평소보다 무려 100배 가까이 늘어납니다. 그러나 출산과 함께 여성호르몬은 원래의 양으로 급격히 줄어들므로 세로토닌이 제 역할을 못 하지요. 그 밖에도 출산 후에는 다양한 호르몬의 농도가 몇 달에 걸쳐 급격히 변합니다.[4] 그래서 여성은 출산 후에 짜증이 나거나 쉽게 불안을 느낍니다.

그런데 아내가 예상치 못하게 남편에게 짜증을 내는 것은 남편으로서는 그야말로 기대와 다른 사건입니다. 이런 상태가 계속되면 남편의 워킹메모리도 대량으로 낭비되어 화가 나지요.

아이를 키우는 시기는 매우 어수선한 데다 기대와 다른 사건까지 쏟아지기 때문에, 늘 워킹메모리가 부족하고 걸핏하면 짜증 경보가 울립니다. 하지만 과거에는 자신이 이렇게 짜증을 내는 사람이 아니었다고 생각하며 스스로를 책망할 필요는 없어요. 지극히 정상이니까요.

자, 이제부터 워킹메모리 부족으로 인한 짜증을 해소하는 방법을 소개할게요.

## 03
## 남의 육아와 비교하지 않기

아이는 부모를
비교하지 않아요

**밖에 나가서 가볍게 운동만 해도 짜증은 줄어든다**

짜증이란 워킹메모리가 얼마 남지 않았다는 경고입니다. 이 상태
에서는 아무리 짜증을 내지 않겠다고 굳게 다짐하더라도 사소한
일에도 불현듯 화가 폭발해버립니다. 게다가 '자신의 감정을 조
절하라'는 새로운 미션까지 수행하려니 워킹메모리를 더욱 낭비
하게 됩니다. 미션 수행이 뜻대로 되지 않거든요.

　짜증을 해소하는 방법 중 하나는 워킹메모리의 낭비를 줄이는
것입니다.

앞에서도 설명했듯이 세로토닌은 천연의 신경안정제 같은 호르몬이어서, 기대와 다른 일 때문에 워킹메모리가 낭비되는 것을 막아줍니다. 그러니 세로토닌이 제대로 작용하도록 하는 것이 효과적인 방법 중 하나입니다.

우선 밖에 나가서 햇볕을 쬐어보세요. 아이와 방에 틀어박혀 있는 것보다 기분이 가벼워져요. 겨울보다 일조시간이 긴 여름에 뇌 안의 세로토닌 양이 많다고 합니다.[5] 햇볕이 뇌에서 세로토닌의 생성 작업을 활발하게 해주기 때문이지요. 또 밝은 빛은 여성이 생리 전에 느끼는 짜증을 줄이는 데도 효과적이라고 알려져 있어요.[6]

그리고 운동을 좋아하는 사람에게 좋은 소식이 있어요. 운동, 특히 유산소운동은 뇌에서 세로토닌을 활성화시키는 데 절대적인 효과가 있다고 해요.[7] 아이와 함께 공원에 가면 벤치에 앉아만 있지 말고 무조건 함께 몸을 움직이세요.

아이가 운동 학원에 다닌다면, 아이와 함께 배우거나 성인 운동 학원에 다니는 것도 좋습니다. 적어도 밤에 인터넷 동영상을 보면서 혼자 요가를 하는 것보다는 운동을 지속하기가 훨씬 수월합니다.

## 부모도 아이도 자신을 소중히 하는 것이 중요하다

하지만 기대와 다른 사건으로 워킹메모리가 낭비되는 것을 막아 줄 더 근본적인 방법이 있어요. 바로 세상의 정보에 현혹되지 않는 것입니다. 세상에는 자기도 모르게 현혹될 만한 정보가 가득합니다. SNS도 그중 하나지요.

예를 들어 과학계의 연구자가 실험실에서 세상에서 가장 작은 무언가를 만들려고 애쓰고 있다고 해봅시다. 똑같은 방법으로 천 번을 만들어도 크기는 제각각 다릅니다. 그중에서 가장 작은 것을 챔피언 데이터라고 해요. 하지만 과학자가 이 챔피언 데이터를 발견했다 해도 자랑스러워하며 발표하는 것은 과학계에서는 해서는 안 될 일입니다. 왜냐하면 어쩌다 한 번 발견한 것이지 언제든지 활용할 수 있는 것이 아니기 때문이지요.

그런데 SNS는 챔피언 데이터로 넘쳐납니다. 단 한 번, 우연히 해낸 일일지라도 사진을 찍어 SNS에 즉시 올립니다. 굉장하다는 생각에 기쁨을 공유하려는 마음은 충분히 이해합니다. 욕을 먹을 일도 아니지요. 원래 SNS란 그런 것이니까요. 다만, 남들이 좋은 부분만을 잘라내서 기쁜 마음으로 올리는 타인의 SNS를 보고 '우리 애는……' 하고 의기소침해져서는 안 됩니다.

대단한 인재를 키워낸 엄마의 육아서 등을 읽고 자신에게 실망

할 필요도 없어요. 그 저자는 분명 수많은 실패를 경험했을 겁니다. 극히 드물게 고생하지 않고 성공한 저자도 있을지 모르지만, 그런 비현실적인 사람은 일부일 뿐이니 신경 쓰지 않아도 됩니다.

물론 부모는 '아이가 이런 면은 나를 안 닮았으면 좋겠다' 싶은 것도 많고, 자신의 안 좋은 면이 아이에게 엿보이면 불안해지기도 합니다. 그런데 아이는 아빠나 엄마에게 '조금 더 훌륭한 부모였으면 좋겠다' 하고 불만을 갖지 않아요.

아이는 자신의 부모를 다른 부모와 비교하지 않습니다. 있는 그대로의 엄마 아빠만 바라보기 때문이에요. 부모가 아무리 자신을 부모로서 부족하다고 여겨도 아이에게는 최고의 부모지요. 그래서 천진난만한 얼굴로 "엄마 아빠 사랑해요!"라고 말해줍니다.

또 한 가지. 무엇이든 빨리 해낼수록 나중에 성공한다는 것도 믿을 수 없는 말입니다.

어떤 일에 흥미를 가지는 시점은 모두 제각각이지만, 뇌의 발달에는 단계가 있으므로 비슷한 연령대의 아이가 이해할 수 있는 수준에는 크게 차이가 없어요. 아무리 빨리 자란들 두 살짜리 아기의 겨드랑이에 털이 날 리도 없고, 세 살에 영구치가 날 수도 없으며, 네 살에 사춘기가 찾아오지 않는 것과 마찬가지입니다.

아이는 자신이 성장하는 것에 가장 흥미를 갖고 있습니다. 부모가 할 수 있는 것은 아이의 흥미를 북돋워주는 일뿐이에요.

말이 트이는 것도, 기저귀를 떼는 것도, 글자에 흥미를 갖기 시작하는 것도 아이 나름의 우선순위가 있습니다. 아이가 싫어하는 일을 억지로 시켜서는 안 되는 이유입니다.

# 04
## 아이와 간지럼 태우기 하기

아이를 웃게 해주세요,
저절로 육아가 됩니다

**웃음이 스트레스를 해소해준다는 것은 사실이다**

짜증이 날 때는 교감신경이 활성화되어 있어요. 이 교감신경을 비활성화시키면 짜증은 자연스레 잦아듭니다. 전투태세인 교감신경을 진정시키려면 이완 모드인 부교감신경을 활성화시키면 됩니다. 이때 유용한 것이 바로 '웃음'이에요.

유명한 만담가인 가쓰라 시자쿠桂枝雀는 웃음의 '긴장 완화 이론'을 제창한 사람입니다. 그리고 이 이론을 데이쿄헤이세이대학의 고바야시 이쿠오小林郁夫 교수가 실험하여 증명했습니다. 웃기 직전에는 긴장하여 교감신경이 활발해지며, 웃는 순간에는 긴장이 눈에 띄게 완화되어 부교감신경의 활동이 우위에 선다는 것을 확인했지요.[8] 또 웃으면 혈중 스트레스 호르몬의 양이 줄어든다는 사실도 알려져 있어요.[9]

스탠퍼드대학의 딘 몹스Dean Mobbs 교수팀은 웃으면 행복이나 만족감을 느끼는 뇌 부위가 활발히 움직이는 것을 실험으로 증명했습니다.[10] 세상의 모든 사람은 배우지도 않았는데 재미있을 때면 '하하하' 하고 웃습니다. 먹는 것이나 호흡하는 것과 마찬가지로 웃음은 인간이 행복하게 살아가기 위해 필수불가결한 요소입니다.

게다가 누군가와 함께 웃으면 서로 공감하고 긴장이 풀리면서 마음이 안정돼요. 또 누군가의 웃는 얼굴을 보면 나 역시 자연스레 미소를 짓게 되는데, 이것도 긍정적인 감정을 끌어냅니다. 광고에 웃는 얼굴이 많이 쓰이는 이유가 바로 여기에 있어요.


두 돌인 성우의 아빠는 최근 들어 성우가 별것 아닌 일에도 떼굴떼굴 구르면서 웃는다는 것을 알았습니다. 요즘 일 때문에 바쁘고, 성우의 떼쓰기에도 신경이 날카로워진 상태라서 어쩌면 성우가 웃음에 목말라 있는 건지도 모르겠다고 생각한 아빠는 아침마다 성우와 간지럼 태우기 놀이를 해보기로 했어요.

성우는 이러다가 어떻게 되는 것 아닌가 싶을 정도로 깔깔 웃으면서도 간지럼 태우기를 더 하자고 했습니다. 매일 계속하다 보니 성우는 점점 마음의 안정을 찾은 듯했어요. 그런 성우의 웃는 얼굴을 보면 아빠도 짜증이 날아가고 마음이 진정되었습니다. 아이의 미소는 부모에게는 늘 최고의 선물입니다.

## 05
# 하루 1분 멍 때리기

뇌의 쓰레기를
말끔히 청소해줘요

**멍 때리기가 머리를 맑게 한다**

아이를 키우다 보면 뇌가 끊임없이 바쁘게 움직이므로 좀처럼 휴식을 취할 여유가 없지요. 하지만 사실 뇌를 쉬어주는 시간은 뇌의 건강에 매우 중요합니다.

워싱턴대학의 마커스 레이클Marcus Raichle 교수는 일이나 공부 등으로 머리를 쓸 때 소비하는 에너지의 양은 미미하며, 사실 뇌 전체 에너지의 약 75퍼센트는 멍하게 있을 때 소비된다는 것을 발견했어요. 이때 무의식적으로 과거의 기억을 정리하거나 차분

하게 미래를 그려보고, 계획을 세우기도 한다고 합니다.[11]

뇌가 휴식을 취할 때는 뇌의 DMN Default Mode Network이 활성화되어 뇌에서 불필요한 정보가 제거되고 새로운 정보가 축적될 공간이 생긴다고 해요.[12] 멍하니 있으면 뇌의 쓰레기가 말끔히 청소되면서 왠지 진취적인 기분이 들고, 멋진 아이디어가 찾아오는 것입니다.

아침에 일어나 정신없는 하루를 보내고 밤이면 침대로 직행하는 나날을 보내고 있나요? 그렇다면 하루에 1분만이라도 멍하니 보내는 시간을 만드세요. 아침이든 낮이든 밤이든, 생활 리듬에 맞춰 언제라도 괜찮습니다.

스마트폰을 손에서 멀리 두고, 텔레비전을 끄고, 홀로 느긋한 시간을 보내세요. 의외로 기분이 좋아지는 것을 느낄 겁니다. 1분 멍 때리기만으로도 기분이 상쾌해지고 재미있는 아이디어가 떠오를지도 모릅니다.

## 2부

# 소통 능력과
# 자신감을 키우는

# 적당히 육아법

# 01
## 억지로 의욕을 끌어내지 않기

아이가 하고 싶어할
때까지 기다려주세요

### 열심히 하라고 말할수록 하기 싫어하는 딜레마

동기에 관한 연구의 세계적 권위자인 로체스터대학의 심리학자 에드워드 데시Edward Deci 교수는 실험을 통해, 친구에게 가르쳐주고 싶다는 마음을 갖고 스스로 주체적으로 공부했을 때와 시험 때문에 어쩔 수 없이 공부했을 때의 성적을 비교해보았습니다. 그 결과, 자기 자신만의 동기를 갖고 공부한 아이들이 학습 내용을 훨씬 제대로 이해하고 있었어요.[13] 여러분도 이런 경험이 있지요?

같은 행동을 하더라도 마음에서 우러나와 행동할 때는 학습이나 기억에 관련된 뇌 영역이 활성화되지만 누군가가 시켜서 할 때는 별로 활성화되지 않는다는 사실은 널리 알려져 있지요.[14]

스스로 하고 싶어서 할 때와 누가 시켜서 할 때는 같은 일을 하더라도 학습이나 기억에 관련된 뇌 영역의 움직임이 전혀 다르기 때문에, 일의 성취도도 아예 달라집니다. 그러니 시켜서 하는 일은 아무리 해도 아주 잘하기가 어려워요.

여러 가지 일을 스스로 찾아 추진할 수 있는 아이일수록 무엇이든 잘할 수 있게 됩니다.

가령 학수고대하던 아이의 유치원 운동회를 생각해보세요. 아침부터 서둘러 도시락을 싸고 체육복과 운동화를 준비하여 의기양양하게 유치원을 가지요. 하지만 우리 아이는 댄스 공연에서는 멀뚱히 서서 주변만 이리저리 둘러보고, 달리기 시합에서는 달리는 건지 걷는 건지 알 수 없는 속도로 뛰는 데다, 구슬 넣기 게임에서조차 구슬을 제대로 던지지 않아요. 어째서 우리 아이는 이다지도 의욕이 없는 걸까요?

이런 날 집에 돌아가면 "좀 더 열심히 해야지, 이래서는 안 돼!"라는 말이 저절로 나올지도 모릅니다. 어떻게 하면 의욕을 끌어낼 수 있을지 골머리를 앓을지도 모를 일이지요.

하지만 조금만 기다려주세요. 의욕을 끌어내려는 행동은 오히려 아이의 의욕을 떨어뜨리는 모든 문제의 근원이 될 수 있습니다. 왜냐하면 의욕이란 자신의 의지로 어떤 일을 하기로 결정했을 때 비로소 솟아나는 것이니까요. "더 열심히 하지 않으면 안 된다"라는 말로 독려해봐야 소용없어요.

'이렇게 했으면' 하는 부모의 마음이 '하고 싶다'는 아이의 욕구를 넘어버리면 아이로서는 달리기 시합도 댄스도 구슬 넣기도 모두 '부모의 기대에 부응하기 위해 해야만 하는 일'이 되고 맙니다. 열심히 하라고 말하는 순간 하고 싶은 마음은 달아나버려요. 지렛대로 아무리 용을 써도 움직이지 않습니다.

### 하지 않으면 할 때까지 기다린다

그럴 때는 아이의 행동에 대해서 지적하지 않고, 웃으면서 "오늘 참 즐거웠다. 그치?"라고만 말해주세요. 설령 울면서 선생님 손에 이끌려 갔어도 운동회에 참가했다는 사실만으로도 아이는 만족스러워하며 '나 달리기 진짜 열심히 했어!'라고 생각할 수도 있습니다.

이때 엄마 아빠가 웃으면서 아이를 반긴다면 분명 다음에는 더 즐거운 마음으로 운동회에 참가하겠다고 생각할 거예요. 반대로 부모가 찌푸린 얼굴로 아이를 맞이한다면 아이는 '내가 잘 못했구나' 하고 자신감을 잃겠지요. 자신감을 잃은 아이에게 의욕 갖기를 기대하기란 어렵습니다.

아이를 믿고 기다린 결과, 어느 날 갑자기 아이가 스스로 용기 있게 한 걸음을 내딛는 것을 본 부모는 비로소 '기다림'의 강력한 위력을 알게 됩니다. 그 부모는 그다음부터 점점 더 잘 기다릴 수 있지요. '언젠가 곧 하고 싶은 마음이 생길 거야' 하고 여유로운 마음을 가지니까요. 부모도 아이도 처음 한 발짝을 떼기는 어렵지만, 아이의 성장 욕구는 어른들이 생각하는 것보다 훨씬 커서 기다리다 보면 아이의 첫걸음은 반드시 찾아옵니다.

그러니 조금만 더 기다리세요. 아이가 스스로 한 걸음을 내딛고 자신만만한 미소를 지으며 놀랍도록 성장해가는 모습을 보게 될 테니까요.

## 02
# 느리게 움직이는 아이에게 재촉하지 않기


## 우리 아이는 생각하느라
## 행동이 느린 거예요


**빨리 움직이는 아이는 반사적으로 반응하는 것일 수도 있다**

"○○하자"라고 말했을 때 바로 움직이는 아이가 주체적으로 보일 수 있습니다. 하지만 사실 그 아이의 행동은 자극에 반사적으로 반응하는 것일 뿐, 주체적인 것과는 다를 수도 있어요. 주체성이란 스스로 생각한다는 의미니까요.

예를 들어 한 젊은 과학자가 실험실에 가만히 앉아 있습니다. 머릿속은 최근에 읽은 논문에 실린 실험에 대한 생각으로 가득해요. 그동안 자신도 논문에 적힌 대로 해보았지만 좋은 결과가 나오지 않았거든요. 어째서일까? 왜 잘 안 되는 걸까? 요 며칠은 실험도 하지 않고 계속 생각만 하고 있습니다.

그러던 어느 날 문득 떠오른 생각에 실험 방법을 살짝 바꾸어 봤어요. 어! 됐다!

'어린이는 작은 과학자'라고 하지요. 논문에 나온 실험을 시도해보는 과학자와 배운 대로 종이로 하트 모양을 접어보려는 아이, 두 사람이 하는 일은 다르지 않습니다. 스스로 하고 싶은 것을 생각하고 직접 결정하여 행동한다는 공통점이 있으니까요.

아이는 이 연구자처럼 계속 가만히 앉아 있을 뿐, 눈앞에 종이가 있어도 좀체 손을 대려 하지 않을지도 모릅니다. 아이가 스스로 생각하는 데는 시간이 많이 걸리기 때문이지요. 생각할 때 사람은 매우 주체적입니다. 그러니 좀처럼 움직이려고 하지 않는 아이일수록 주체적인 아이인 셈이에요.

이때 어른이 "이제 생각은 그만하고 일단 접어보자"라고 말해버리면 아이는 더 이상 주체성을 유지하기 어려워요. 어른이 재촉하면 지금까지처럼 스스로 생각하는 것을 그만둘지도 모릅니다.

느리게 움직이는 아이일수록 가만히 내버려두면 훨씬 주체적으로 자랍니다.

# 03
## 참지 못하는 아이에게 참으라고 하지 않기

## 아이가 산만하다면 안정감을
## 느낄 수 있도록 미소를 지어주세요

### 참다 보면 집중하는 힘마저 잃어버린다

아이가 참아야 할 상황은 여러 경우가 있어요. 유치원에서 가만히 앉아 선생님 말씀을 듣는 일, 식사를 하기 전에 간식을 먹지 않는 일, 친구 집에서 놀다가 놀이터로 새지 않고 곧장 집으로 귀가하는 일 등. 이 모든 일을 알아서 잘해준다면 얼마나 좋을까요.

그런데 단도직입적으로 말씀드리면, 참지 못하는 아이에게 참으라고 말해봐야 아무 소용 없습니다.

성현이의 유치원 입학식에서 있었던 일입니다. 다른 아이들은 바르게 앉아 있는데, 성현이만 꼼지락거리면서 가만히 있지 못했어요. 이를 지켜보던 엄마는 성현이가 부모들이 앉아 있는 자리를 뒤돌아보자 찌릿 하고 눈으로 신호를 주었지요. 하지만 그 효과는 고작 해야 10초 정도……. 엄마는 점점 초조해지는데, 그럴수록 성현이는 점점 더 산만해졌습니다.

플로리다주립대학의 심리학자 로이 바우마이스터Roy Baumeister 교수팀은 실험에서 배가 고픈 학생들을 두 그룹으로 나누어 갓 구운 쿠키 냄새가 나는 방에 들어가게 했습니다. 한 그룹의 학생에게는 초콜릿 쿠키를 주었지만, 다른 그룹(통제그룹)의 학생들에게는 눈앞에 있는 쿠키에 손을 대지 말고 옆의 접시에 담긴 무를 먹도록 지시했지요.

그런 뒤에 난해한 문제를 풀도록 하여 학생들이 포기할 때까지의 시간을 측정했습니다. 그 결과, 초콜릿 쿠키를 먹은 학생들은 평균 19분 동안 문제를 푸는 데 집중한 반면, 무밖에 먹지 못한 학생들은 절반도 되지 않는 8분 만에 문제 풀기를 포기해버렸습니다. 초콜릿 쿠키를 먹고 싶은 마음을 참아야 한다는 스트레스 때문에 집중하는 힘까지 소모해버린 것입니다.

바우마이스터 교수는 이런 현상에 '자아 고갈'이라는 이름을 붙였습니다.[15] 일을 많이 해서 피로할 때 자기도 모르게 과식을 하게 되는 것도, 싫은 일이 있으면 쉽게 화를 내는 것도, 열심히 무언가를 한 뒤에는 아무것도 하기 싫어지는 것도 모두 자아 고갈 탓입니다.

## 긍정적인 기분이 들수록 잘 참을 수 있다

유치원 입학식에 참석한 성현이는 엄마의 눈빛을 보고 큰 스트레스를 받았습니다. 그리고 이 스트레스 때문에 가만히 참고 있기가 더 어려워졌어요. 지금 참지 못하는 아이에게 참으라고 혼을 낼수록 더 참지 못하게 된다는 이야기입니다.

게다가 사실은 아이가 바르게 앉아 있기를 바라지만 다른 부모들이 보는 앞에서 "자, 바르게 앉아 있자"라며 이야기하러 갈 수 없는 상황이라 엄마도 스트레스를 받고 있었어요. 그래서 냉정함을 유지하지 못하게 된 겁니다. 부모도 스트레스를 받으면 초조해지고 화가 나기 쉽습니다.

바우마이스터 교수는 무밖에 못 먹고 스트레스를 받은 학생들을 두 그룹으로 나누어 그중 한 그룹에게 문제를 풀기 전에 로빈 윌리엄스가 등장하는 코미디 영상을 보여주었습니다. 그러자 이 그룹에 속한 학생들은 무밖에 못 먹고 코미디 영상을 보지 않은 그룹에 속한 학생들보다 문제에 집중하는 시간이 평균 1.5배나 길었어요.[16] 재미있다는 긍정적인 기분이 참는 힘을 회복하도록 도와주었다는 이야기입니다.

자신이 초조해하고 있다는 것을 알아차린 성현이의 엄마는 가방에 넣어두었던 사탕을 하나 입에 넣었습니다. 그러자 신기하게도 마음이 가라앉았어요. 초조한 기분과 짜증을 완화시키는 데는 눈을 감고 심호흡만 해도 효과가 있습니다.

침착함을 되찾은 엄마가 산만하게 움직이는 성현이에게 빙그레 미소를 보였습니다. 그러자 성현이도 선생님의 말씀에 집중하기 시작했습니다. 물론 완벽하지는 않았지만, 엄마의 날카로운 눈빛을 보았을 때보다 훨씬 침착해졌지요.

아이는 부모의 미소 한 번에도 단숨에 기분이 좋아집니다. 아이에게 참으라고 다그치지 말고, 먼저 아이가 참을 수 있는 상황을 만들어주세요.

# 04
## 기약 없이 기다리라고 하지 않기

## "10분만 기다렸다가 같이 공원에 놀러 가자"라고 말해주세요

**아이들은 어른들보다 기다리기가 훨씬 더 힘들다**

이제 슬슬 바꿀 때가 되었다 싶어서 휴대전화 매장에 가보면 얇고 멋진 신상품이 즐비하지요. 그럴 때면 갑자기 자신의 휴대전화가 너무 낡은 것처럼 여겨집니다. 하지만 두 달 뒤면 새로운 기종이 출시되어서 지금 눈앞에 있는 기종들은 10만 원 정도 싸게 살 수 있다고 해요. 자, 여러분은 두 달을 기다릴 수 있나요?

올여름은 친구의 가족들과 바다에 가기로 계획했다고 해볼게요. 여름까지 몸무게 3킬로그램을 빼기 위해 벌써 한 달째 간식을 절제하고 있습니다. 그런데 집 근처에 새로운 케이크 가게가 문을 열었고, 오늘은 어떤 케이크든 반값에 판매한다고 해요. 이럴 때 여러분은 케이크를 사지 않고 참을 수 있나요?

사람은 '지금'에 가치를 느낍니다. 두 달 뒤에 예쁜 수영복을 입고 해변을 만끽하는 것보다 지금 케이크를 먹는 일이 더 중요하다고 생각하지요. 이것을 '지연 할인'이라고 합니다. 어른들도 그러한데 하물며 지금 이 순간을 온힘을 다해 살아가는 유아들이라면 더욱 그렇지 않을까요?

하지만 행복한 가정, 커다란 꿈의 실현, 계속 건강한 몸처럼 '미래의 커다란 보상'을 위해 '지금의 작은 인내'가 필요한 때도 있지요.

스탠퍼드대학의 심리학자 월터 미셸Walter Mischel 박사는 만 4세 아이들을 대상으로 실험한 결과 "15분을 기다리면 마시멜로 두 개 줄게"라는 말을 듣고 눈앞에 있는 마시멜로 한 개를 먹지 않고 참을 수 있느냐 없느냐가 미래의 자기조절력과 관련이 있다고 말했습니다.[17] 이 '마시멜로 실험'은 이후로도 여러 차례 재현해 보려는 시도가 있었고, 실험 결과를 바라보는 시각도 다양하지만, 미래를 위해 사소한 것을 참는 힘이 중요하다는 사실만은 틀림없는 것 같아요.

참고로 뇌의 한가운데에 있는 욕구를 느끼는 영역은 태어난 지

얼마 되지 않아 발달하기 시작합니다. 반면에 자기도 모르게 마시멜로로 향하는 손을 멈추는 등의 욕구 억제를 담당하는 영역은 이마 주변의 전두엽에 있으며, 전두엽의 신경세포 수는 만 3세부터 7세 사이에 급속도로 늘어납니다.[18]

그러니 이 무렵에 1차 반항기가 끝나고 욕구를 조절할 수 있게 되면서, 타인의 생각을 이해하게 되고, 마시멜로 실험을 통과하는 힘도 자라나는 것이지요.

## 자기조절력은 근육 트레이닝처럼 단련할 수 있다

로이 바우마이스터 교수는 "자기조절력은 근육과도 같아서 사용하면 피로하지만 단련할 수도 있다"라고 했습니다.[19] 무리하지 않을 정도로 참는 작은 습관을 들이면 자기조절력을 크게 키울 수 있다는 것이지요.

가령 오늘이든 다음 주까지 기다리든 똑같이 10만 원을 받을 수 있다면 당연히 오늘 받고 싶을 겁니다. 하지만 다음 주에 11만 원을 받을 수 있다면 오늘 받을지 말지 조금 망설여지지요. 다음 주에 받을 수 있는 돈이 20만 원이라면 여유로운 마음으로 기다릴 수 있습니다. 하지만 막연히 나중에 20만 원을 준다고 하면 기다리지 못합니다.

참았을 때 주어지는 것이 클수록, 또 언제까지 기다리면 되는 지 분명할수록(기다리는 시간이 짧을수록) 쉽게 참을 수 있다는 거예요. 아이는 "밥 먹기 전에는 간식을 먹으면 안 돼!"라는 말을 듣고는 참지 못하지만 "지금은 참고, 밥 먹고 나서 맛있는 과일을 먹으면 어떨까?"라고 제안한다면 참기가 훨씬 수월해집니다.

놀아달라고 조르는 아이에게 "저리 좀 가 있어!"라고 말한다면 울음을 그치기 어려울지 모르지만 "10분만 기다리면 엄마가 놀아 줄 수 있으니까, 그때 같이 공원에 가자"라고 하면 얌전히 기다려 줄 가능성이 높아지지요.

이렇게 사소한 일을 참는 훈련을 하면 자기조절력의 근육이 단련됩니다. 결국 아이가 커서 무언가를 해야만 할 때에 할 일을 완수하는 자기조절력이 생기는 셈이지요.

무리하지 말고 조금씩 성장하는 편이 아이와 부모 모두가 스트레스를 덜 받고 좋습니다.

# 05

## "인사해"라고 하지 않기

부모가 먼저 아이 친구에게
눈높이를 맞춘 자세로 인사해주세요

### 유아는 평소의 행동을 바꾸기가 쉽지 않다

이웃을 만났을 때 아이가 예의 바르게 인사하면 부모는 뿌듯해하
지요. 하지만 아무리 열심히 인사하라고 시킨다고 해서 스스로 인
사하는 아이가 되지는 않습니다.

사람의 행동 중 95퍼센트는 습관에 기인한다고 합니다. 습관
이란 거의 무의식적으로 행동하는 것이에요. 리모컨이나 식기를
별 생각 없이도 자연스레 정해진 위치에 놓거나, 만취한 상태에서
집을 찾아오는 것도 평소에 무의식적으로 그렇게 행동하기 때문

입니다.

나머지 5퍼센트의 행동만이 '아니, 이건 그렇게 하면 안 되지' 하고 의식하고 자신을 제어하며 이루어집니다. 참고로 의식하면 오히려 잘못된 행동으로 이어지는 경우도 있습니다. 걷는 법을 의식하면 발이 엉킨다거나, 다른 사람과 이야기할 때 자신의 발언을 의식하다 보면 말이 막히는 것처럼 말이에요.

유아는 어른들보다 더 평소의 습관에 좌우됩니다. 예를 들어 만 두 살 정도의 아이는 숨바꼭질을 할 때 계속 숨어 있지 못하고 술래가 가까이 오면 "까꿍!" 하고 튀어나옵니다. 평소에 누군가가 자신을 찾고 있을 때면 그렇게 했거든요.

또 가령 흰 카드를 보여주면 '검정', 검은 카드를 내밀면 '하양' 하고 반대로 대답하는 게임에서는 만 세 살 반부터 일곱 살 정도는 되어야 겨우 정답률이 올라가기 시작합니다.[20] 유아기에는 자기도 모르게 평소에 하던 대로 행동해버리기 때문이에요.


**스스로 인사하게 될 때까지 느긋하게 기다린다**

그러니 인사를 하지 않는 아이에게 인사하는 습관을 들이려면 인사를 하는 것이 당연하다고 생각하게 만들어야 합니다.

이를 위한 간단한 방법은 아이의 친구와 그 부모를 만났을 때,

상대 부모가 아닌 아이의 친구에게 인사를 하는 것입니다. "안녕!", "잘 가. 또 만나자" 하고 아이의 눈높이에 맞춰 몸을 구부리거나 앉아서 웃으며 인사하세요. 그러면 아이의 친구들도 인사를 해옵니다.

아이의 눈은 어른들이 아니라 친구들을 향하고 있어요. 자신의 부모에게 늘 인사를 하는 친구의 모습을 보면 인사를 하는 것이 당연하다고 여기게 되지요. 그러면 언젠가는 스스로 자연스레 인사하게 됩니다. 그때까지는 느긋하게 기다려주세요. 끊임없이 인사 좀 하라고 잔소리하는 것보다는 훨씬 효과적일 겁니다.

참고로 "안녕하세요!"도 그렇고 'God be with you'라는 말에서 온 "굿바이!Good bye!" 등을 비롯해 인사를 통해 전달하려는 것은 상대방의 행복을 바라는 마음입니다. 만나고 헤어질 때 하는 인사든, 사과나 감사의 인사든 억지로 시켜서 하는 말에는 상대방의 행복을 바라는 마음이 실리지 않아요. 설령 우물쭈물하며 제대로 인사를 하지 못하더라도 상대방의 행복을 바라는 마음, 즉 만나서 반가워하는 마음을 전달하는 것이 중요합니다.

친구를 만난 아이가 반가운 표정을 짓는다면 굳이 인사하라고 시키지 마세요. 때가 되면 자연스레 "안녕!"이라는 말도 따라나올 테니까요.

# 06
## 생후 18개월까지는 훈육하지 않기

## 문제가 일어나지 않을
## 환경을 만들어주세요

### 어린아이라도 '사회규범'을 구별할 수 있다

'차도로 뛰어들면 안 된다', '다른 사람을 괴롭히면 안 된다', '간식만 먹으면 안 된다' 등 아이가 지켜야 하는 여러 가지 일을 통틀어 '사회규범'이라고 부르기도 합니다.

미국의 심리학자 엘리엇 투리엘Elliot Turiel은 '지켜야 할 일'은 세 영역으로 나뉘며, 각각 따로 발달한다고 말했어요.[21] 그 세 가지는 바로 '도덕 영역', '관습 영역', '개인 영역'입니다.

- 도덕 영역 문화나 사회에 관계없이 사람으로서 절대적으로 지켜야만 하는 것. 지키지 않으면 누군가가 불행해지는 것. 범죄나 따돌림 등.
- 관습 영역 특정한 사회 시스템이 잘 돌아가기 위한 규칙. 어린이집이나 유치원에서는 하면 안 되지만, 집에서는 해도 되는 경우도 있다. 문화에 따라서 달라지기도 한다. 교통법규, 식사 예절 등.
- 개인 영역 기본적으로 그 영향이 자신에게만 해당되는 것. 양치질, 일기 쓰기 등.

이 중에서 '도덕'과 '관습'은 구별하기 어렵다고 느낄지도 몰라요. 그런데 엘리엇 투리엘 팀이 많은 어린이집이나 유치원에서 아이들이 생활하는 모습을 관찰한 결과, 손을 씻을 때 줄을 서는 등의 질서를 지키는(지켜야 한다는 것을 아는) 아이들이 지키지 않는 아이에게 지적을 하는 경우는 거의 없었습니다. 하지만 친구들을 때리지 말아야 한다는 도덕을 지키지 않는 아이에게는 어른들처럼 지적을 한다는 사실을 알아냈습니다.[22]

어린아이라도 '관습'과 '도덕'을 분명히 구별한다는 것이지요. 다만 가르치는 방법과 가르치기 시작하는 나이가 다릅니다. 훈육은 주로 '사회적 질서'에 대해 가르치는 것을 말해요.

## 아이가 규범을 지키고 싶어지는 환경을 만든다

독일의 발달심리학자 샤를로테 뷜러Charlotte Bühler 교수가 만 1세부터 2세까지의 아이들을 대상으로 한 실험에서 아이들에게 장난감을 만지지 말라고 한 뒤에 방을 나서자, 예상대로 모든 아이가 장난감을 만졌습니다.

하지만 뷜러가 급히 방으로 되돌아왔을 때 16개월 된 아기들은 절반 정도 난처한 표정을 지었지만, 18개월 된 아기들은 모두가 잘못한 걸 안다는 듯한 표정을 지었습니다.[23] 생후 약 18개월이면 하지 말아야 할 일을 분명히 이해한다는 것이지요. 반대로 그 이전에는 그런 규칙을 이해하지 못합니다. 따라서 식사 중에 돌아다니는 돌쟁이 아기에게 얌전히 앉아서 먹으라고 해봐야 소용없는 일입니다.

이럴 때는 방법이 없으니 부모가 안고 함께 먹거나 앉아 있고 싶은 환경을 만들어주세요. 심리학자이자 일본의 오차노미즈 여자대학의 전 학장인 하타노 칸지波多野完治 교수는 "환경을 마련해주지 않은 탓에 (18개월 미만의) 아이가 잘못을 저질렀다면, 웃으며 앞으로는 잘못하지 않을 만한 환경을 만들어주어야 한다"라고 했습니다. 맞아요. 생후 18개월까지는 문제가 일어나지 않는 환경 만들기가 중요해요.

사회규범에 대해 잘 모르는 아이에게 기를 쓰고 지키게 하려고 하면 부모도 너무 힘이 듭니다. 이제 싹이 나왔을 뿐인데 꽃은 언제 피냐며 신경을 곤두세우고 있는 셈이지요.

시간이 지나면 이해할 수 있게 됩니다. "예쁜 꽃을 피우렴" 하고 물을 주듯이 밥은 한자리에 앉아서 먹자고 알려주며 우선은 무릎 위에 앉히고 먹여주세요.

# 07
## 결과만 보고 꾸짖지 않기

부모의 태도에 따라 아이의 창의력이
살아날 수도 죽을 수도 있어요

### 사회규범을 지키게 되는 세 단계

문제를 하나 내볼게요. 다음 중 야단을 맞을 만한 나쁜 행동을 한
아이는 누구일까요?

A 주원이는 늘 엄마의 가방에서 과자를 꺼내서 야단을 맞았
습니다. 마음대로 과자를 꺼내면 안 되거든요. 그런데 오늘
도 자기도 모르게 엄마 가방을 멋대로 뒤지고 말았어요. 어
라? 가방 밑에 반짝거리며 빛나는 것이 보이네요. "엄마, 이

거 뭐예요?" 주원이가 발견한 것은 엄마가 계속 찾던 소중한 결혼반지였습니다.

B 유나는 요즘 들어 그림 그리기에 빠져 있습니다. 오늘은 종이에 엄마의 얼굴을 그리고 있어요. 그때 번뜩 어떤 생각이 유나의 머릿속을 스쳤어요. 엄마의 입술에 립스틱을 발라주면 멋지겠다 싶었습니다. 그런데 평소 엄마가 즐겨 바르는 분홍 립스틱을 가져다 그림 속의 엄마에게 바르려는 순간, 립스틱이 부러지고 말았어요.

발달심리학의 기초를 닦은 스위스의 위대한 심리학자 장 피아제Jean Piaget는 아이가 규범을 지키기까지는 세 단계를 거친다고 했습니다.[24]

- 1단계(0~18개월) 지켜야 한다는 생각이 없는 단계
- 2단계(18개월~만 6세) 지키라고 하니까 지키는 단계. 왜 지켜야 하는지는 명확히 이해하지 못하지만, 어른의 말을 들어야 한다고 생각한다. 규범의 이유에는 생각이 미치지 않으므로 자신의 욕구와 규범이 충돌했을 때는 규범을 지키기가 어려워진다. 상점의 물건을 만지지 말라고 해도 흥미로운 것을 발견하면 금세 만지고 만다.

- 3단계(만 6세 이후) 규범의 이유를 생각할 수 있는 단계. 상점의 물건을 만지면 안 되는 것은 만지지 말라고 했기 때문이 아니라, 망가뜨리거나 더럽히면 안 되기 때문임을 안다.

## 결과에만 주목하면 잘못했다는 느낌을 줄 수도 있다

피아제에 따르면 유아기는 대부분이 1단계, 2단계에 해당된다고 해요. 어린아이에게 규범을 가르치는 것은 3단계까지 이끄는 일, 즉 지키라고 시켜서 하는 것이 아니라 규범의 이유를 알게끔 만드는 일입니다.

그러려면 무엇보다 부모는 아이가 한 행동의 결과만 보고 꾸짖으면 안 됩니다. 앞의 문제에서 주원이가 야단을 맞는 집도 있고, 유나가 혼이 나는 집도 있습니다. 만약 엄마가 주원이에게 반지를 찾아줘서 고맙다고 해버리면 '나쁜 짓을 해도 결과만 좋으면 괜찮다'고 알려주는 것과 다름없어요. 그러면 아이는 나쁜 행동도 들키지만 않으면 괜찮다고 생각하게 되지요.

반면에 유나를 야단치면 '스스로 생각해서 마음대로 행동하면 안 된다'고 알려주는 셈이 되어, 아이는 시키는 일만 해야겠다고 생각하게 됩니다. "어째서 엄마의 가방을 만졌니?", "왜 엄마의 립스틱을 부러뜨렸어?" 이렇게 묻고 아이의 대답을 잘 들어주세요.

유나를 야단칠 필요는 전혀 없습니다. 울먹이는 표정으로 부러진 립스틱을 쥐고 있는 아이를 보면 놀라기야 하겠지만, 유나의 아이디어는 정말 멋졌으니까요.

아이의 자유로운 창의력을 살리는 것도 죽이는 것도 부모가 마음먹기에 달렸다는 사실을 기억하세요.

# 08
## "다른 사람의 입장에서 생각해봐"라고 하지 않기

야단치지 말고 아이의
관점에서 설명해주세요

**만 6세의 아이들 중 99퍼센트가 타인의 입장에서 생각하지 못했다**

나무타기를 좋아하는 지윤이는 어느 날 나무에서 내려오다가 그만 떨어지고 말았어요. 지윤이는 크게 걱정하는 아빠에게 다시는 나무에 올라가지 않겠다고 약속했지요.

　며칠 뒤, 성진이의 새끼고양이가 나무 위에 올라가서 내려오지 못하고 있었습니다. 성진이는 지윤이에게 새끼고양이를 내려달라고 부탁했지요. 지윤이는 아빠와의 약속을 떠올리고는 고민에 빠졌습니다.

질문 만약 지윤이가 나무에 올라간 사실을 아빠가 아시면, 아빠가 어떻게 할 것이라고 생각하나요?

하버드대학의 교육심리학자인 로버트 셀먼Robert L. Selman 교수는 앞의 나무 오르기와 비슷한 문제를 아이들에게 실험해보았습니다.[25]

사실 이 문제에 정답은 없어요. '야단을 친다'고 하든 '기특해한다'고 하든, 얼마나 타인의 입장에서 생각할 수 있는지(사회적 관점 취득 능력)가 핵심입니다.

유아기의 아이들은 아직 타인의 입장에서 생각하기가 어렵다고 해요. 아이들의 대답은 예를 들면 "기뻐해요. 고양이를 구했으니까요", "혼낼 거예요. 안 된다고 했는데 또 올라갔으니까요"라는 식입니다. 하지만 "지윤이는 어째서 나무에 올라가지 않기로 약속했지?"라고 물었을 때 지윤이를 걱정하는 아빠의 마음을 상상하고 헤아리기가 어렵다는 이야기예요.

도덕성발달심리학자인 아라키 노리유키荒木紀幸 교수가 일본의 아이들을 대상으로 실험한 결과 만 6세의 아이들 중 99퍼센트는 타인의 입장에서 생각하지 못했다고 합니다.[26]

어른이라면 다른 사람의 입장에서 마음을 헤아릴 수 있어요. 그러니 아이의 생일파티에 초대할 친구를 정할 때 아이는 A와 B

를 모두 초대하자고 하지만, 엄마는 두 친구가 서로 잘 안 맞는데 어떡할까 하고 고민하기도 합니다.

### 남에게 폐를 끼치는 다른 아이를 타산지석으로 삼는다

그러니 식당에서 소란을 피우는 아이에게 "다른 손님들에게 피해를 준다고 생각하지 않니?"라거나 "가게에 있는 사람들 기분도 생각해야지!" 하고 말해봐야 소용이 없어요. 부모가 화를 내니 자신이 잘못했다고 여기고, 조용히 하라니까 얌전하게 있기도 하지만 무엇이 잘못된 행동인지는 알지 못합니다.

이럴 때는 "네가 즐겁게 음식을 먹을 때 다른 아이가 시끄럽게 떠들면 싫지?" 하면서 아이의 관점에서 설명해주세요. 물론 이렇게 해도 정말로 잘 이해할지는 조금 불안하지요. 식당에서 소란스럽게 구는 아이가 있다면 식사 예절을 알려줄 수 있는 절호의 기회로 삼을 수 있습니다. "저렇게 시끄럽게 하니까 식사에 집중하기가 어렵다, 그치?" 하고 살짝 귓속말을 해주세요.

그런 다음에는 식당 직원에게 조용히 시켜줄 것을 부탁하고 테이블로 돌아오면서 그 아이에게 "조용히 해줘서 고마워"라고 칭찬해준다면 서로에게 좋은 성장의 기회가 되겠지요.

# 09
## 규범을 저절로 익히는 상징놀이

### 아이와 함께 역할놀이를
### 자주 하세요

#### 상징놀이에서 경험한 것을 실생활에서도 하게 된다

앞에서 유아기에는 규범의 이유를 이해하기 힘들다고 했습니다. 하지만 상징놀이(역할놀이, 가상놀이)를 통해 규범을 조금씩 익히고 실생활과 연결하는 힘을 키울 수 있습니다.

만 5세 무렵부터는 상징놀이를 하며 "우리 탐험놀이 하자", "여기는 정글이야", "내가 앞장서서 갈게"라며 스스로 '규칙'을 정할 수 있습니다. 그리고 "○○는 작으니까 △△랑 손을 잡아"라거나 "저곳은 위험하니까 들어가면 안 돼" 하고 자신들끼리 놀이를 원활하게 하기 위한 규칙을 만들어내요.

앞에서 얘기했듯이 유아기에는 타인의 입장에서 생각하기가 어렵습니다. 아이들은 이것 역시 생활에서보다 먼저 놀이를 통해 배웁니다. 상점놀이, 병원놀이, 영웅놀이 등은 모두 자신이 다른 누군가의 입장에 서서 그 사람이 되어보는 놀이예요.

상징놀이는 생활에서 배우는 것보다 규칙을 지키는 힘을 세 배는 더 키워줍니다. 상징놀이에서 익힌 규칙들을 조금 지나면 실생활에서도 실천하니 참으로 놀라울 따름이지요.

러시아의 심리학자 레프 비고츠키Lev Semenovich Vygotsky는 상징놀이야말로 유아기의 발달을 가장 촉진하는 놀이라고 했습니다. 상징놀이가 상상력을 발달시킬 뿐 아니라 규칙을 지키기 위한 힘 역시 키워주지요. 규칙을 지키는 힘, 다른 사람의 관점에 서보는 힘, 타인의 마음을 이해하는 힘과 상징놀이의 수준과의 관계에 대한 많은 연구가 있어요.[27] 발달 메커니즘에 관해서는 여러 가지 견해가 있지요. 하지만 한 가지, 이것들이 깊은 연관성을 가진다는 것만은 틀림없습니다.

아이는 돌 무렵부터 빈 컵으로 물을 마시는 시늉을 하거나 나뭇잎을 접시 삼아 그 위에 돌을 올리고는 음식처럼 먹는 흉내를 내기 시작합니다. 처음에는 '그런 시늉'을 하는 것뿐이지만, 두 돌쯤 되면 친구들과 함께 빈 종이상자로 전철놀이를 하거나 다양한 색종이로 요리를 만들며 소꿉놀이를 하지요. 하지만 이 단계에는 아직 전철에 타는 것도 요리를 하는 것도 '자기 자신'입니다.

그러다가 만 3~4세가 되면 빈 상자를 전철이라고 하는 등의 '물건을 다른 것에 빗대는' 놀이가 아니라 '자신이 다른 사람이 되어보는' 역할놀이를 합니다. 유치원 선생님이나 의사, 영웅 등이 되어 타인의 관점에서 세계를 바라보며 놀기 시작하지요.

놀이의 수준은 점점 올라갑니다. 가령 친구들과 함께 탐험놀이를 할 때, 탐험대의 캐릭터를 연기하는 친구들이 넘어지기라도 하면 평소에 친구가 넘어졌을 때와는 목소리가 달라집니다. "괜찮아? 이 줄을 잡는 거야!", "응, 괜찮아!", "좋았어, 자, 이제 간다!"라는 식의 대화를 주고받습니다. 눈앞에서 넘어진 친구가 탐험대원을 연기하고 있다는 사실을 이해하며 그에 걸맞은 목소리로 말을 걸지요.

## 역할놀이를 통해 '규칙'을 지키는 연습을 한다

사칙연산을 하지 못하는 아이에게 계산 문제를 풀라고 시켜본들 절대로 못 풀지요. 십진법에 대해서 몇 번을 알려줘도 같은 실수를 반복하고, 뺄셈을 해야 하는데 수를 더해버리기도 합니다. 또 왜 못 푸는지 어른들로서는 이해가 잘 안 되는 간단한 서술형 수학 문제도 아이들은 어려워해요.

마찬가지로 규칙을 지키지 못하는 아이에게 "안 된다고 했잖아!"라고 말한다고 해서 규칙을 지키게 되지는 않습니다. 아이가 무엇을 할 수 있고 무엇을 못 하는지 제대로 이해해주고, 몇 번이고 끈기 있게 가르쳐주어야 겨우 납득하죠.

수학은 몇 번씩 틀려보면서 터득할 수 있는 기회가 있지만, 생활의 규칙은 그 상황에 처하지 않으면 경험할 수 없으니 몇 번씩 틀려볼 기회가 드뭅니다. 게다가 교통신호와 같은 규칙은 한 번이라도 지키지 않으면 사고로 이어질 수도 있지요.

이런 규칙을 익히는 좋은 방법이 역할놀이입니다. 평소에 꾸준히 연습해서 규칙을 지키는 것을 몸에 배게 만드는 것이지요. 가령 식당놀이를 하며 손님 역할을 맡은 엄마가 소란을 피워서 요리사 역할을 맡은 아이에게 혼이 나보거나 "여기부터는 차가 다니는 도로야" 하고 차 역할을 맡은 아빠가 도로로 뛰어든 아이와 쾅 부딪쳐보고(아이는 신이 나서 몇 번이고 뛰어들겠지만), 인형을 줄지어 놓고 순서를 지키는 놀이를 해볼 수도 있습니다.

아이는 이렇게 놀면서 식당이나 도로에서 지켜야 할 규칙, 차례를 기다릴 때 어떻게 해야 하는지를 이해합니다. "안 된다고 했잖아!"라며 목소리를 높이지 않아도 스스로 규칙을 지키는 아이가 되지요.

# 10
## "몇 번을 말해야 알아듣니?" 대신 "괜찮아!"

아이에게 긍정적인
셀프 이미지를 심어주세요

**아이에게 부모는 '언제나 옳고 완벽한 존재'다**

인간의 아기는 매우 미숙한 상태로 태어납니다. 스위스의 생물학자 아돌프 포르트만Adolf Portmann은 "인간은 다른 포유동물의 새끼에 비해 발육이 늦은 상태로 태어난다"라고 했습니다. 다른 포유동물의 새끼와 발육 상태가 똑같다면 어미의 배 속에서 나왔을 때 "으앙!" 하고 울지 않고 "엄마!" 하고 부르며 다리를 부들부들 떨면서라도 일어섰을 거라는 말이에요.

하지만 실제로는 인간의 아기는 태어나고도 꽤 오랫동안 사는 곳과 먹이 등을 부모에게서 공급받으며 전적으로 부모에게 의존하여 삽니다. 그래서 부모가 아무리 야무지지 못해도, 실수를 해도, 번번이 잊어버려도 아이는 '부모는 언제나 옳고 완벽하다'라고 생각합니다.

아이의 발달 과정을 잘 이해하면 '아이들은 원래 그렇지', '이 정도도 굉장한 성장이야!'라고 느끼며 좋은 의미에서 힘을 뺀 적당히 육아가 가능해집니다. 늘 옳고 완벽하다고 생각하는 엄마 아빠가 항상 미소 지으며 "괜찮아, 괜찮아!" 하고 말해주는 것만으로도 아이는 자신의 행동은 옳고, 있는 그대로의 모습으로도 괜찮다는 긍정적인 셀프 이미지를 형성하게 됩니다.

반면에 제대로 잘 키워야지, 조금이라도 빨리 성장시켜야지 하고 애를 쓸수록 초조함도 커지는 법입니다. 늘 옳고 완벽하다고 생각하는 부모가 초조해하면서 "빨리, 빨리!", "그게 아니라니까!", "도대체 몇 번을 말해야 알아듣니!"라며 부정적인 태도를 보일수록 아이는 자신의 행동이 잘못되었다는 부정적인 셀프 이미지를 키우지요.

'부모는 절대적으로 옳은 존재'이므로 아무리 불합리한 상황에서도 아이는 자신이 잘못했다고 느껴요. 그리고 '바른 행동이 뭔지 모르겠어'라며 자신의 행동에 자신을 갖지 못하는 '자기부정감'이 점차 강해집니다.[28]

인간은 자신의 기분에 맞는 것을 중시하고 자신의 기분에 어울리지 않는 것은 경시한다고 해요. 가령 오늘은 재수가 없다고 생각하던 차에 지갑을 잃어버렸다가 이리저리 고생하여 찾았다고 해봅시다. 그럴 때 '찾았으니 다행이지만 지갑을 잃어버리다니, 역시 오늘은 재수가 없어'라고 느끼는 거예요.

하지만 오늘은 운이 좋다고 생각하고 있는데 똑같이 지갑을 잃어버렸다가 찾으면 '잃어버린 지갑을 찾다니, 오늘은 역시 운이 좋아'라고 느낍니다.

이런 식으로 사람은 자신의 기분이 이끄는 대로 해석합니다. 셀프 이미지도 마찬가지예요.

**아이는 부모에게 들은 그대로의 이미지를 자신에게 투영한다**

평소에 자신의 행동은 옳으며 잘할 수 있다는 긍정적인 셀프 이미지를 가지고 있으면 설령 작은 실수를 해도 크게 의식하지 않고 기억에도 남지 않아요. 일이 잘 되면 '역시 잘 될 줄 알았어!' 하고 긍정적인 셀프 이미지가 강화되지요. 이런 식으로 점차 '자기긍정감'이 키워집니다.

반면에 평소 자신의 행동은 잘못되었다는 부정적인 셀프 이미지를 가지고 있으면 사소한 실수에도 위축됩니다. 부정적인 셀프 이미지가 강화되면 자기부정감을 느끼게 되지요.

그러니 평소에 괜찮다고 이야기하며 아이에게 긍정적인 셀프 이미지의 씨앗을 뿌리든, 몇 번을 말해야 알아듣느냐며 부정적인 셀프 이미지의 씨앗을 뿌리든 아이는 부모의 태도에 따라 '역시 그럴 줄 알았어!'라고 해석하면서 셀프 이미지를 키워갑니다.

그러니 아이의 잘못에 대해 지나치게 주의를 주어서는 안 됩니다. 어른도 잘못을 하지 않나요?

이를테면 육아서를 읽고 아이에게 부드럽게 대해야겠다고 다짐하지요. 걸핏하면 화를 냈던 자신을 진심으로 반성할지도 몰라요. '오늘부터는 온화한 부모가 되겠어!' 하지만 그 뒤로도 짜증을 내지 않나요? 잘못된 행동을 고치려는 마음은 있는데도 말입니다.

이런 때에 전지전능하신 분이 나타나서 "도대체 몇 번을 말해야 알아듣겠니?", "한 번 알려준 건 틀리지 않으면 좋겠다" 하고 말씀하시면 얼마나 슬플까요. 어른들도 그러한데 하물며 아이들이 한 번 들은 말대로 행동할 수 있을까요?

아이는 해낼 수 있을 때까지 같은 잘못을 열 번은 되풀이합니다. '말해준 지 얼마 되지도 않았는데……', '일부러 저러는 걸까?' 싶을 정도로요. 하지만 아이는 '역시 이렇게 하면 안 되는구나'를 몇 번이고 확인하면서 깨우칩니다.

"괜찮아. 분명히 할 수 있을 거야"라고 거듭거듭 자신감을 불어 넣어주면 어느새 정말로 할 수 있는 아이로 자랄 거예요.

# 11
## "~하면 안 돼"라고 하지 않기

부정어를 사용하면 아이에게
부모의 뜻이 정확하게 전달되지 않아요

### 부정어를 긍정어로 바꾼다

"토끼를 상상하지 마세요."

이 말을 들으면 오히려 토끼를 떠올리게 되지요. 토끼를 상상해보라는 말을 들었을 때와 같은 반응을 보이는 겁니다. 인간의 뇌는 부정어를 이해하기 어려워해요. 아이는 더더욱 그렇지요.

교토대학의 마쓰무라 노부타카松村暢隆 교수는 유치원 아동(각 연령별로 18명씩)을 대상으로 지시에 맞는 색과 모양을 조합한 도형을 고르도록 했습니다. 그러자 긍정어를 사용해 과제를 준 경우, 예를 들어 '빨간 세모'를 틀리게 찾은 만 4세의 아동은 한 명뿐이었고 5세의 경우에는 전원이 정답을 찾았습니다.

반면에 부정어를 사용해 과제를 준 경우, 가령 '파란 동그라미와 다른 것'을 고르라고 하자 만 4세 아동 18명 중 정답을 고른 아이는 7명에 불과했습니다.[29] '파란 동그라미'라는 말에 신경을 빼앗겼기 때문이지요.

그러니 가령 결혼식장에서 아이에게 "여기서는 떠들면 안 돼"라고 말할수록 아이는 여기서는 떠들어보자는 말의 폭포수를 맞는 것과 동일한 상태가 되어버립니다. 하면 안 된다는 것을 알고 있어도 머릿속에서는 '떠드는' 것에만 마음이 가버리거든요.

"~하면 안 돼"라는 부정어는 아이의 의식에 하면 안 될 일의 그림을 계속 그려주는 것과 같다는 말입니다. 결과적으로 작은 자극에도 해서는 안 될 행동을 해버리게 되지요.

이 경우에는 "여기서는 조용히 있자" 하고 긍정어로 말해주면 아이의 의식에는 '조용히 한다'는 이미지가 형성되어 침착하게 조용히 있을 수 있게 됩니다.

말 한마디를 어떻게 하느냐에 따라 아이의 행동은 완전히 달라집니다.

## 부정어가 아이에게 '나는 못해'라는 생각을 심어줄 수도 있다

"~하면 ~(부정어)하게 된다"라는 말 역시 아이가 올바른 행동을 하기 힘들게 만들 수 있으니 주의하세요. 늦는다, 혼난다, 미움받는다 등의 부정적인 언어 대신에 "엄마랑 같이 정리하면 시간에 맞춰 갈 수 있겠다" 하고 긍정적인 말로 바꾸어주세요.

또 하나 중요한 점이 있어요. 아이가 무언가에 도전하고 있을 때도 부정적인 말을 사용하지 말아야 합니다. 예를 들어 고리 던지기를 하고 있는 아이에게 부모가 그저 지켜보면 괜찮을 텐데, 빗나갈 때마다 "안 들어갔네"라고 말하면 아이는 점차 고리가 안 들어가는 것에 신경이 쓰입니다. 그러면 아이는 스스로 잘 못한다는 셀프 이미지를 갖게 되겠지요.

반면에 잘 못했을 때 "아깝다!", "이제 조금만 더 하면 돼!" 하고 긍정적인 말로 바꾸기만 해도 아이는 점점 더 잘하고 있다고 생각합니다. 부모가 어떤 말을 사용하느냐에 따라 아이는 자신의 셀프 이미지를 긍정적으로도 부정적으로도 바꿀 수 있어요.

# 12
## 자만하더라도 내버려두기

아이에게 자기긍정감을
선물해주세요

**유아기에 자신감을 부정당하면 오히려 자만하는 인간으로 자란다**

자신은 무엇이든 할 수 있다고 생각하는 아이는 너무나 사랑스럽지만, 혹시나 '이대로 가다가 자아도취형 인간으로 자라는 건 아닐까?' 하고 살짝 불안해하는 분이 있을지도 모르겠네요.

하지만 괜찮습니다. 자기긍정감을 높인다고 해서 자아도취형 인간으로 자라지는 않는다고 합니다. 플로리다애틀랜틱대학에서 발달심리학을 가르치는 데이비드 비요크런드David F. Bjorklund 교수는 "오히려 낮은 메타인지능력(자신에 대해 스스로 이해하는 힘)

으로 자신의 힘을 실제보다 높이 평가하기 때문에 유아는 다양한 활동에 도전할 수 있으며, 결과가 완전하지 않더라도 그것을 실패로 여기지 않는다"라고 했어요.[30] 유아기에 보이는 자신만만함은 지극히 정상입니다.

로이 바우마이스터 교수도 아이의 자기긍정감을 높인다고 해서 나르시시스트가 되지는 않는다고 했습니다.[31] 초등학교에 들어가서 자신의 능력이 어느 정도인지 알게 될 때까지 스스로에 대한 자신감을 잘 키워놓으면 '나쁜 점도 있지만, 좋은 점도 많은 내가 좋아!'라고 여기게 됩니다.

하지만 더러는 어른이 되어서도 자신의 능력을 과대평가하며 특별대우를 받으려는 사람도 있지요. 솔직히 주위에 민폐가 되기는 합니다.

스위스의 심리학자이자 정신분석가인 앨리스 밀러Alice Miller는 나르시시즘적인 경향이 강한 사람은 "있는 그대로의 자기 자신을 사랑하지 못하는 까닭에 무의식적으로 스스로를 과대 포장하여 타인의 사랑을 받으려고 한다. 유아기에 자기 모습 그대로를 수용받지 못한 것이 원인"이라고 했습니다.[32]

아이의 성장은 모두 제각각입니다. 뭐든지 자신이 하겠다며 덤비는 아이도 있고, 전혀 앞에 나서지 않는 아이도 있어요. 내버려두면 결국 아주 적당한 지점에서 안정을 찾아갑니다. 지금 이 순간, 꼭 알맞은 상태가 아니더라도 문제없어요.

　대개의 일들은 잘해도 좋고, 잘 못해도 괜찮아요. 규칙을 지키기도 하고 안 지키기도 한다면 지금은 그래도 괜찮아요. 석 달 뒤에 규칙을 지킬 수 있도록 어떤 말을 해줄지 생각해보세요. 유아기는 아이에게 무적의 자기긍정감을 선물해줄 수 있는 절호의 시간이니까요.

# 13

## 집안일을 돕다가 놀이로 바뀌어도 괜찮아

다른 사람을 돕는
기쁨을 느끼게 해주세요

**인간의 뇌에는 남을 돕고 싶은 바람이 심어져 있다**

사람은 타인을 도울 때 행복을 느끼도록 만들어져 있어요.

이것을 보여주는 유명한 실험이 있습니다. 먼저 실험 참가자들에게 각각 다른 금액이 든 봉투를 전달했습니다. 그리고 절반의 사람들에게는 '5시까지 자기 자신을 위해 쓰기'를 부탁했고, 나머지 절반에게는 '5시까지 다른 사람을 위해 쓰기'를 부탁했어요. 그러고는 5시가 되어 돌아온 사람들에게 오늘 하루의 행복지수를 물어본 결과, 금액에 상관없이 다른 사람을 위해 돈을 쓴 사람의 행복지수가 높았습니다.[33] 사람은 남을 도울 때 기쁨을 느낍니다.

그런데 이런 마음이 환경에 의해 쉽게 사라지기도 해요.

동아프리카 우간다에 사는 작은 수렵민족인 '이크족'은 정부가 수렵을 금지하면서 식량을 확보하기가 어려워졌습니다. 어른들도 먹을 것을 남과 나누고 감사 인사를 전할 수 없는 환경이 되었지요. 그 결과 불과 4, 5년 만에 어린아이조차 아무렇지 않게 노인이나 병자의 음식을 빼앗는 민족으로 바뀌어버렸습니다.[34] 더이상 어려움에 처한 사람을 도와주는 아이는 한 명도 없습니다.

다른 사람을 도우며 기쁨을 느끼는 마음을 키우려면 환경이 매우 중요하다는 사실을 알 수 있어요.


## 아이가 매번 도와줄 것이라고 생각하면 안 된다

어른도 아이들을 위한 행사를 도울 때 처음에는 귀찮게 여기다가도 "덕분에 성공적으로 마쳤어요. 정말 감사합니다"라는 말을 들으면 행복해지지요. 그런데 감사 인사도 없고, 급기야 이런저런 불평만 들으면 두 번 다시 돕고 싶은 마음이 생기지 않을 겁니다.

아이는 두 돌 무렵이면 간단한 심부름 부탁을 들어줄 수 있습니다. 자신의 기저귀를 가지고 온다거나, 마음이 내킬 때면 스스로 장난감을 정리하기도 해요.

만 3세쯤이면 음식이 담긴 접시도 쏟지 않고 나를 수 있고, 식사 준비를 돕는 일도 능숙하게 해낼 수 있습니다.

하지만 매번 도와주는 것은 아니에요. 득의양양하게 "설거지는 내가 할게요!" 하고 선언하기에 부탁했더니 한 번으로 끝이지요. 접시를 두세 개 씻나 했더니 갑자기 물장난을 하기도 합니다.

유아기에 집안일 돕기나 심부름을 하는 목적은 제 역할을 완벽하게 해내는 것이 아닙니다. 다른 사람을 돕는 기쁨을 느끼는 것이지요. 부모에게 정말로 도움이 되느냐 아니냐는 중요하지 않습니다. 그러니 나이에 맞는 집안일을 부탁하고 웃으며 고맙다고 칭찬해주면서 아이가 '나는 엄마 아빠를 돕고 있다'는 느낌을 갖도록 해주세요. 이 마음을 소중히 키워주면 정말로 도움을 주는 아이로 자라납니다.

당장은 오히려 손이 더 가고 도움보다는 방해가 되기도 할 거예요. 그래도 다른 사람을 위해 도움을 주면 행복하다는 경험을 쌓는 것이 중요합니다.

어른들의 속내와 달리 아이는 자신이 큰일을 해냈다고 생각합니다. "오늘은 엄마를 많이 도왔어요!" 하고 기분 좋게 떠든다면 대성공입니다.

# 14
## 집안일을 도와주어도 보상을 제공하지 않기

보상에 길들면
돕는 기쁨이 사라져요

### 도움을 주는 것 자체가 보상이다

아이가 자발적으로 부모를 도와주면 매우 기분이 좋지요. 그런 모습을 보고 싶어서 보상으로 아이를 꾀어보려는 생각을 할지도 모르겠습니다.

인지심리학자인 마이클 토마셀로Michael Tomasello 박사는 집안일을 도운 아이들에게 보상을 주면 어떤 효과를 가져오는지에 관한 실험을 했습니다.

토마셀로 박사는 월령 20개월의 아이들을 A, B, C의 세 그룹으로 나누었어요. A그룹의 아이들에게는 다른 사람을 도울 때마다 장난감을 주었습니다. B그룹에게는 다른 사람을 도왔을 때 "○○야, 고마워"라고 말해주었어요. C그룹에게는 가령 떨어진 펜에 손이 닿지 않아 곤란할 때 주워주어도 아무 말 없이 받는 식으로 반응을 보이지 않았습니다.

이제부터가 실험입니다. 이번에는 세 그룹의 아이들 모두에게 다른 사람을 도와주어도 아무런 반응을 보이지 않았습니다. 그러자 고맙다는 말을 들어왔던 B그룹과 처음부터 아무런 반응을 받지 못한 C그룹의 아이들은 변함없이 도움을 주었지만, 작은 장난감을 보상으로 받아온 A그룹의 아이들은 남을 돕는 모습이 확연히 줄었습니다.[35]

사람은 본래 남을 도우면서 행복을 느낍니다. 도움을 주는 것 자체가 보상인 셈이지요. 이런 보상을 '내적 동기'라고 합니다.

하지만 내적 동기는 생각보다 약해서 장난감처럼 그 행위와는 무관한 보상(외적 동기)이 주어지면, 행복의 이유가 외적 동기로 바뀌어버립니다. 그러면 보상이 없어지는 순간 행복을 느끼지 못하고, 더 이상 남을 돕지 않게 되지요.

기뻐서 하는 일에 보상을 주면 기쁨을 느끼지 않게 되는 현상을 '언더마이닝 효과'라고 합니다. 아이가 집안일을 도와줄 때는 절대 보상을 주지 마세요.

# 3부

## 공감 능력과
## 사고력이 자라는

# 적당히 육아법

# 15
## 착한 아이가 되라고 하지 않기

부모가 솔선하면
아이도 따라 해요

### 실제로 착한 아이로 자란 비율은 고작 20퍼센트

2004년과 2005년에 실시된 '가정교육에 관한 국제비교조사보고서'에 따르면 열다섯 살이 된 아이를 키우는 부모 가운데 일본에서는 70퍼센트, 미국이나 스웨덴에서는 80퍼센트가 자녀가 '어려운 사람을 돕는 사람이 되기를 바란다'고 대답했습니다.[36]

반면에 2008년에 일본 문부과학성의 조사에서 실제로 열다섯 살이 된 아이들(중학교 3학년)에게 '다른 사람이 어려움에 처해 있을 때 스스로 도와주나요?'라고 묻자 '그렇다'고 답한 비율은

20퍼센트도 되지 않았어요.[37]

많은 부모가 남을 돕는 착한 아이로 자라기를 바라지만, 생각처럼 쉽지는 않은 것이지요.

크레파스가 없어서 곤란해하는 친구에게 자신의 크레파스를 자발적으로 빌려주는 아이가 있는가 하면, 선생님이 "누가 좀 빌려주렴" 하고 말해야 빌려주는 아이도 있고, 절대 빌려주지 않는 아이도 있습니다. 이 차이는 무엇일까요? 어떻게 하면 착한 아이로 자랄까요?

인간의 뇌에는 약 1,000억 개의 뉴런(신경세포)이 존재하며, 그 뉴런을 통해 정보가 전달됩니다. 이탈리아 파르마대학의 자코모 리촐라티Giacomo Rizzolatti 교수팀은 물건을 집어 드는 인간을 본 원숭이의 뇌에서 마치 거울에 비친 것처럼 자신이 물건을 집을 때에 활성화되는 뉴런이 반응한다는 것을 발견했습니다.[38] 이러한 활동을 하는 뉴런을 '거울뉴런mirror neuron'이라고 해요.

그리고 나서 얼마 되지 않아 원숭이뿐만 아니라 인간에게도 거울뉴런이 있다는 사실이 판명되었습니다.[39]


**가장 친밀한 존재인 부모를 따라 하는 아이들**

인간의 아이가 급속히 성장하는 것은 이 거울뉴런의 작용 덕분이라고 합니다. 아이가 어른의 행동을 볼 때면 마치 자신이 움직일 때처럼 뇌가 작동합니다. 이로 인해 자연스레 어른을 모방하게 되는 것이지요.

아이가 부모가 하는 일이라면 뭐든지 따라 하려고 하거나, 자라서는 직업까지 부모와 비슷하게 선택하는 것은 이러한 뇌의 시스템이 원인인 듯합니다. 생후 40분밖에 안 된 아기도 어른이 혀를 내밀면 혀를 내밀고, 입을 벌리면 입을 벌린다고 해요.[40]

'배움은 모방'이라고들 하지요. 뇌는 따라 하면서 배우도록 만들어져 있습니다. 참고로 하품이 전염되는 것도 거울뉴런의 작용 때문이에요. 게다가 사람은 친밀한 상대일수록 더 많이 모방한다고 알려져 있어요.[41] 하품도 가족, 친구, 지인의 순으로 더 잘 옮는다고 하지요.[42]

거울뉴런은 팬터마임처럼 목적이 없는 동작에는 반응하지 않습니다. 가령 커피가 든 컵을 들어올릴 때와 어질러진 테이블(방금 티타임을 마친 듯한 상태) 위에 있는 빈 컵을 들어올릴 때는 반응하는 뉴런이나 반응의 강도가 달라요.[43] 거울뉴런은 목적과 의도를 분명히 읽어내며 반응하는 것 같습니다. 뇌의 시스템은 정말로 굉장하지요.

그러니까 평소에 가장 친밀한 존재인 부모가 어려움에 처한 사람을 돕는 모습을 보고 자라면 아이는 자연스레 어려운 사람을 도우려고 합니다. 착한 아이로 자라기를 바란다면 여러 가지 말로 가르치기보다는 우선 부모가 모범을 보이면 됩니다. 돌아가는 듯 해도 이것이 가장 빠른 지름길입니다.

# 16
# 손가락으로 이것저것 가리키는
# 아이에게 즐겁게 반응하기

## 손가락 포인팅은
## 마음의 표현이에요

### 돌 이전의 아기라도 타인의 감정에 공감할 수 있다

다른 사람에게 잘해주려는 아이의 마음에 대해 연구하는 뉴욕대학의 심리학자 마틴 호프먼Martin Hoffman 교수는 타인에게 상냥하려면 공감하는 능력이 중요하다고 했습니다.

가령 상황과 표정이 조화를 이루지 않는 이야기(선물을 받았는데 슬픈 표정을 짓는 예)를 듣고 '자기가 원하던 선물이 아닌가 봐' 하고 이해하며 공감할 수 있는 아이일수록 상냥하게 행동한다고 알려져 있어요.[44]

반대로 몸이 얼어붙을 만큼 잔인한 사건의 범죄자는 타인의 고통에 공감하지 못한다고도 할 수 있습니다.

공감에는 두 종류가 있습니다. 하나는 타인의 관점에 서서 타인의 기분을 이해하는 것(사회적 관점 취득 능력)입니다. 이것은 만 7세 무렵부터 발달한다고 해요.

다른 하나는 타인의 상태를 마치 자신이 경험하듯이 느끼는 것입니다. 드라마에서 사랑을 고백하는 장면을 보았을 때 자신이 고백하는 것도 아닌데 가슴이 두근거리거나 심장이 고동치기도 하지요.

앞에서 타인의 행동을 보았을 때 마치 자신이 행동할 때처럼 움직이는 '거울뉴런'에 대해 설명했습니다. 거울뉴런은 행동에 반응하는데, 가령 '아프다'의 감정과 연결되는 동작(문에 손이 끼이는 상황)을 보면 동작과 감정을 연결하는 뇌의 영역이 반응합니다.[45]

이처럼 다른 사람의 감정에 반응하는 것을 '미러링Mirroring'이라고 합니다. 유아기에 공감의 원동력은 바로 미러링입니다. 돌 전의 아기라도 울고 있는 갓난아기를 보면 함께 울음을 터뜨립니다. 또 아이를 보고 웃어주면 최고의 미소를 선물해주지요. 이러한 공감이 바탕이 되어 다른 사람을 상냥하게 대하는 마음이 자라납니다.

## 부모도 자녀도 손가락으로 이것저것 가리키며 많은 대화 나누기

조금 복잡한 이야기인데, 만 0세에서 18개월까지는 아직 '자신'이라는 존재를 분명히 인식하지는 못합니다. '타인'이라는 것도 확실히 알지는 못해요. '자신'과 '타인'을 잘 모르니, 어려움에 처한 친구에게 무언가를 나누어주거나 하지 않습니다. 그러니 "자, 네 걸 빌려주렴" 하고 억지로 시켜봐야 의미가 없습니다.

하지만 이 무렵부터 시작되는 공감 행동이 있습니다. 바로 '손가락 포인팅'이에요. 자신이 가리키는 것을 보라는 의미의 손가락 포인팅은 즐거움을 나누고 싶다는 마음의 표현입니다.

게다가 손가락 포인팅은 상냥한 마음의 씨앗이기도 해요. 인지심리학자인 마이클 토마셀로 박사팀의 실험에서도 증명되었습니다. 펜이나 안경을 떨어뜨리고 두리번거리는 부모를 본 생후 12개월의 아기 가운데 88퍼센트가 떨어진 곳을 손으로 가리키며 알려주었다고 해요.[46]

참고로 손가락 포인팅은 '저거 봐봐!'라는 공감형과 '저거 줘!'라는 요구형의 두 종류가 있습니다. 처음에는 요구형에서 시작해 점점 공감형의 손가락 포인팅을 보이지요.

돌이 될 무렵에 시작되는 손가락 포인팅에 잘 반응해주어 아이가 공감의 즐거움을 마음껏 경험하면 공감하는 뇌의 신경세포가 점점 더 활성화됩니다. 그러면 친구들의 마음을 잘 이해할 수 있는 아이로 자라나지요.

아이가 손가락으로 무언가를 가리키면 "뭐지? 우아, 굉장해!" 하고 충분히 공감해주세요. 물론 엄마 아빠가 아이에게 "저거 보렴!" 하고 아이가 좋아할 만한 것을 가리키며 공감을 유도하는 것도 좋습니다.

# 17

## 만 3세까지는 타인을 잘 돕지 못해도 괜찮아

착한 마음을 길러주려면
아이의 마음에 공감해주세요

**자신과 타인을 구별하지 못하면 타인에게 상냥해질 수 없다**

앞에서도 얘기했지만, 만 0세부터 18개월 사이의 아이들은 자신
과 타인이 각각 다른 존재라는 것을 잘 알지 못합니다.

그럼 아이들은 언제부터 '자신'을 알아차리게 될까요.

커다란 거울이 달린 방에 엄마와 아이가 함께 있습니다. 엄마
가 립스틱이 묻은 천으로 아이의 코를 닦는 척하며 콧등에 붉은
립스틱을 묻히면 18개월짜리 아이는 26퍼센트, 만 2세인 아이는
68퍼센트가 거울에 비친 '코가 붉은 아이'를 보고 자신의 코를 닦

는다고 해요.<sup>47</sup> 이것이 '자신'을 알게 되었다는 신호입니다.

마찬가지로 식사 중에 입 주위가 지저분해진 아이에게 거울을 보여주면 어떤 반응을 보일까요? 아직 자신을 인식하지 못한다면 거울 속의 누군가와 놀려고 하면서 거울을 만지거나, 뭔가 잘 안 된다는 듯이 거울의 뒤를 살펴보려고 합니다.

참고로 거울 속의 자기 자신을 알아차리는 동물은 침팬지 같은 똑똑한 유인원과 돌고래와 고래,<sup>48</sup> 자식 사랑으로 유명한 코끼리<sup>49</sup> 정도예요. 이 동물들에게 마취를 하여 잠을 재운 다음 몸에 도료를 바릅니다. 그러고는 마취에서 깨어나면 거울을 보여줍니다. 그럼 이 동물들은 자신의 몸에 묻은 도료에 신경을 쓰는 몸짓을 보입니다(코끼리의 실험에 사용한 거울은 거대했음).

이렇게 거울에 비친 것이 자신이라는 사실을 알게 되는 무렵부터 남을 위해 무언가 해주려는 마음이 생깁니다. 타인에게 상냥하려면 자신을 인식하는 것이 중요한 능력인 것이지요.

하지만 남을 잘 도우려면 한 가지가 더 필요해요. 바로 '자신과 타인의 마음이 다르다'는 사실을 알아차리는 것이에요. 이 무렵의 아이들은 자신이 좋아하는 일은 남도 좋아할 것이라고 생각해요. 목욕을 끝낸 뒤에 벌거벗은 채로 도망치며 즐거워하는 아이는 자신을 쫓아다니는 엄마도 재미있어한다고 생각하지요. 설마 자신이 엄마를 힘들게 하고 있다고는 털끝만큼도 생각하지 않아요.

다른 예로, 슬퍼하는 엄마에게 자신이 좋아하는 장난감을 갖다 주기도 합니다. 감기로 고생하는 아빠가 힘을 낼 수 있도록 그림 책을 읽어주겠다며 자신이 좋아하는 책을 들고 와서는 아빠에게 읽어달라고 하기도 하지요. 물론 그 마음만으로 충분히 기운이 나 겠지만요.

## 아이가 자제하기 위해 필요한 것

만 3세까지는 누군가를 위해 무언가를 해주려는 마음이 싹트기 만 해도 충분합니다. 가령 실제로는 전혀 도움이 되지 않았더라 도 "네가 도와줘서 정말로 좋았어, 고마워" 하고 말해주면 아이는 '나는 착한 아이야'라고 생각하고는 더욱더 적극적으로 도우려고 해요.

물론 감기로 힘이 들 때 그림책을 읽어달라는 요청은 정말 피 하고 싶지요. 그럴 때는 "고마워, 이제 많이 좋아졌어" 하고 살짝 에둘러보세요. "네가 이러니까 더 힘들잖아"라며 솔직하게 말하 는 것은 좋지 않습니다.

또 타인에게 상냥하게 대하려면 자신이 자제해야 하는 경우도 있지만 이 시기에는 좀처럼 자제하기가 쉽지 않습니다. 친구에게 자신이 좋아하는 과자를 나누어주거나, 자신이 가지고 놀고 싶은 장난감을 양보하는 일은 잘 못하는 것이 당연해요.

왜냐하면 장난감을 가지고 놀고 싶은 친구의 마음을 조금 공감할 수 있게 되었다고는 해도, 아직은 장난감으로 놀고 싶은 자신의 마음이 훨씬 더 중요하기 때문입니다.

이럴 때는 먼저 그 장난감으로 놀고 싶어하는 아이의 마음에 공감해주세요. 착한 마음을 길러주려면 첫째도 공감, 둘째도 공감입니다. 카운슬링의 신이라 불리는 미국의 임상심리학자 칼 로저스Carl Rogers도 상대방의 감정이 옳은지 그른지 판단하지 말고, 우선은 "자신도 마치 상대방이 된 듯이 공감하라"라고 했습니다.

장난감을 내줘야 할지도 모르는 긴급사태에 처한 아이에게 친구의 마음을 설명하여 공감을 얻으려고 해봐야 잘 될 리가 없어요. 하물며 억지로 빼앗아 친구에게 건넨다면 공감을 이야기할 상황도 못 되지요.

사람은 공감해주는 사람의 마음에 다가가려고 하는 법입니다. 자신이 카운슬러가 되었다고 생각하고 아이의 마음에 공감해보세요. "그렇구나, 너도 이 장난감으로 놀고 싶었구나" 하고 말이에요.

그런 다음에 친구의 마음을 설명해주세요. 아이의 공감을 잘 끌어낸다면 양보도 잘 해줄지 모릅니다. 물론 그때는 칭찬 한마디도 잊지 마세요.

# 18
## 특정한 친구만 좋아하더라도 신경 쓰지 않기

아이들은 친하게 지내기도 하고
짓궂게 굴기도 하면서 자라요

**사람에 따라서 태도를 바꾸는 것도 성장하고 있다는 좋은 증거**

아이가 손가락으로 무언가를 가리키는 무렵부터 다른 사람에게
공감하는 능력이 싹트기 시작하고, 거울을 보고 부끄러움을 느낄
수 있게 되면서 남들에게 잘해주려고 합니다. 하지만 이때는 아직
'자신과 타인의 마음이 다르다'는 사실을 알지 못해요.

하지만 만 2~3세면 좋아하는 것, 하고 싶은 것, 바라는 것이 사
람마다 각기 다르다는 사실을 깨닫습니다. 감기로 힘들어하는 엄
마나 아빠에게 자신이 좋아하는 그림책이 아니라, 체온계나 경우

에 따라서는 피로회복제를 가져다주기도 하지요.

지금까지 누구랄 것 없이 모두에게 상냥하던 아이가 이 무렵부터 자신과 가까운 사람, 친한 친구, 자신에게 잘해주는 사람에게만 상냥하게 대하는 식으로 사람을 가리게 됩니다.[50]

또 시시콜콜한 것까지 남의 눈을 의식하거나, 나쁜 짓을 한 것을 얼버무릴지도 몰라요.

예일대학의 얀 엥겔만Jan B. Engelmann 교수팀은 만 5세 아이들을 대상으로 실험을 했습니다. 자신이 받은 스티커가 한 장 모자라는 상황에서 눈앞에 다음 아이에게 줄 스티커가 가득할 때, 아무도 보지 않는 경우에는 누군가가 지켜볼 때보다 6배나 많은 아이들이 몰래 다음 아이의 스티커를 가져갔다고 합니다.[51] 한편 좋아하는 친구가 보고 있을 때는 관대한 행동이 늘어났다고 해요.[52]

부모로서는 상대방에 따라 태도를 바꾸거나 남의 눈을 의식하는 아이의 모습에 살짝 당황할지도 모릅니다. 하지만 이것은 아이가 성장했다는 표시입니다.

## 아이에게 상냥하게 대하는 부모 되기

실은 어째서 인간이 남들에게 잘해주려고 하는지에 대한 답은 분명히 밝혀지지 않아서 지금도 논의가 계속되고 있어요. 많은 동물은 고작해야 가족끼리만 협동을 하는 정도거든요. 그런데 인간은 피가 섞이지 않은 남에게 자신의 음식을 나누어주기도 해요.

아마도 인간이 커다란 사회에서 살고 있다는 것이 이유인 듯합니다. "남에게 인정을 베풀면 반드시 내게도 돌아온다"라는 말처럼 남들에게 잘해주면 그것이 돌고 돌아서 자신도 남들에게 도움을 받을 수 있고, 결과적으로 커다란 꿈을 이루게 되기 때문입니다. 인간사회는 그렇게 발전해왔습니다.

그렇게 보면 자신을 배신할지도 모르는 사람에게 잘해주는 것은 좋은 방법이 아닙니다. 왜냐하면 그 사람은 자신을 도와주지 않을 가능성이 높으니까요. 어른들의 사회에서도 착한 사람에게는 협력적이고, 평소에 남에게 협력하지 않는 사람은 멀리하게 되지요.

그러니 아이가 짓궂은 친구에게 차갑게 대하거나 좋아하는 친구들에게 잘해주는 것은 자연스러운 행동입니다.

그럴 때 어른이 "쟤, 참 마음에 안 든다. 그렇지?" 하고 훈수를 두는 것은 좋지 않아요. "친구가 짓궂다고 그렇게 차갑게 대하면 친구도 싫을 것 같아" 하는 정도로 끝내고 내버려두세요.

자신이 짓궂게 행동하면 친구들이 좋아하지 않는다는 것을 경험하는 것 역시 아이의 마음이 성장하는 데 중요합니다. 어른이 이러니저러니 참견하지 않으면 아이는 알아서 잘 자랍니다.

또 한 가지. 착하게 행동하면 다른 사람들도 자신을 상냥하게 대해준다는 것을 경험하게 됩니다. 그런데 평소에 상냥한 대접을 받은 아이가 다른 사람에게도 착하게 행동해요. 그러니 부모가 아이에게 아주 상냥하게 대하면 아이는 착하게 자라기 마련입니다.

# 19
## 아이를 많이 안아주기

아이와 스킨십을 자주 하면
아이의 뇌에서 행복 호르몬이 분비돼요

### 옥시토신을 주입한 사람은 실제로 상냥해진다

부모와 자녀가 스킨십을 나눌 때 아이의 뇌에서는 옥시토신이라
는 물질이 많이 분비된다고 알려져 있습니다.[53] '행복 호르몬'이
라고 불리는 옥시토신은 사람을 관대하게 만드는 작용을 해요.

예를 들어 주어진 10달러를 자신과 친구들이 어떻게 나누어
갖느냐 하는 게임(최후통첩 게임)에서 코로 옥시토신을 주입한
참가자는 80퍼센트나 관대한 판단을 하는 등 다른 사람에게 상냥
한 태도를 보였습니다.[54]

아이와 충분히 놀고 아이를 많이 안아주면 아이의 뇌에서 옥시토신이 분비되어 점점 관대해지고 공감 능력이 높아집니다. 어떤 훈육보다 효과가 확실한 방법이지요.

아이를 행복 호르몬으로 가득 채워 주위 사람들을 행복하게 만드는 아이로 키웁시다.

# 20
## 사이좋은 친구하고만 놀아도 걱정하지 않기

### 사이좋은 친구와 많이 놀면
### 공감하는 뇌의 회로가 강화돼요

**'수용감', '자기효능감', '자기결정감'이 중요하다**

본래 아이의 뇌는 성장과 더불어 남들에게 상냥해지도록 프로그
래밍이 되어 있습니다. 하지만 실제로 모든 어른이 상냥하지는
않지요. 그것은 말씀드린 것처럼 자라는 환경의 영향을 받기 때
문입니다. 그렇다면 남들에게 상냥한 사람으로 키우려면 어떻게
하면 될까요?

사람은 본래 누군가에게 상냥하게 대하면 기분이 좋아집니다.
이것을 '내적보상intrinsic reward'이라고 해요. 반면에 착한 행동의

대가로 장난감 등을 주는 것을 '외적보상extrinsic reward'이라고 합니다.

로체스터대학의 에드워드 데시 교수는 내적보상의 효과를 높이려면 자신은 인정받을 수 있다는 '수용감', 자신은 할 수 있다는 느낌(자기효능감), 스스로 결정한다는 '자기결정감'이 중요하다고 했습니다. 이런 것들을 실감할 때 남들에게 상냥하게 대하는 것이 더 기뻐지고, 점점 더 좋은 행동을 하고 싶어지지요.

## 수용감: 사이좋은 친구와 함께 행동한다

앞에서 말했듯이 타인을 상냥하게 대하려면 공감 능력이 중요합니다. 아이는 가까운 사람이나 사이좋은 친구일수록 공감을 더 잘한다고 알려져 있어요.[55] 다시 말해 사이좋은 친구들과 많이 놀다 보면 공감하는 뇌의 회로가 점점 강화됩니다.

사이가 좋다는 것은 싸우지 않는다는 뜻이 아니에요. 싸우기만 하든 울기만 하든 아이가 '저 아이는 친구'라고 여길 수 있는 아이가 한 명이라도 있으면 충분합니다.

애리조나주립대학의 심리학자이자 아이들의 도덕성 연구의 일인자인 낸시 아이젠버그Nancy Isenberg 교수는 설령 상대방의 기분에 공감했다고 하더라도, 무엇을 하면 상대방이 좋아할지 알지 못하면 상대방에게 잘해줄 수가 없다고 했어요.

무엇을 할지에 대한 예로는 식당에서 친구가 마시던 주스가 쏟아졌을 때 친구에게 위로를 건네거나 수건으로 재빨리 닦아주고, 자판기에서 주스를 새로 가져다주는 행동 등을 들 수 있어요. 단, 이것들은 친구를 돕고 또 반대로 도움을 받은 경험을 여러 번 해야 가능합니다. 아이들은 그렇게 서로를 인정해가는 것입니다.

사이좋은 친구와 놀면서 자신은 인정받을 수 있다는 '수용감'이 늘어나면 좋겠네요.

## 21
# 야단치기보다는 상대방의 상황을 알려주기

## 아이가 친구의 아픔에
## 공감하도록 이끌어주세요

**자기효능감: 착한 행동이 아니라 착한 마음을 칭찬한다**

사회학자 새뮤얼 올리너Samuel Oliner와 펄 올리너Pearl Oliner는 2차 세계대전 중 유대인 학살이 일어나던 때에 유대인에게 도움의 손길을 내밀었던 사람과 그러지 못한 사람들이 자라온 환경에 대해 조사했습니다.

그 결과, 유대인을 도운 사람들은 예를 들어 좋은 일을 했을 때 "다른 사람을 도와주다니 참 장하구나"라는 식의 '착한 행동'을 칭찬받은 것이 아니라 "다른 사람을 도우려고 생각하다니 정말로 착하구나"하고 '착한 마음'을 칭찬받으며 자랐다는 사실을 알아냈어요.[56] 이렇게 말해주면 '나는 착한 사람'이라는 자기평가를 하게 되고 이것이 착한 행동으로 이어진다는 것입니다. 그리고 이러한 성공 체험을 되풀이하다 보면 자신이 (그러한 행동을) 할 수 있다고 느끼는 '자기효능감'도 발달합니다.

참고로 유대인을 도운 사람들은 공감 능력도 높았다고 합니다.

아이가 못된 행동을 했을 때 아이에게 어떻게 말하는지도 중요합니다. 위스콘신대학의 심리학자 캐럴린 잰웩슬러Carolyn Zahn-Waxler 교수가 아이와 부모의 말에 대해 9개월에 걸쳐 조사했습니다. 그 결과, 아이가 못된 행동을 했을 때 "네가 친구를 깨무니까 친구가 너무 아파서 울고 있네"하고 상대방의 상태를 슬프게 표현하여 공감을 촉구하는 편이 "친구를 깨물면 안 돼!"하고 혼내는 어조로 말하는 것보다 아이가 스스로 반성하고 미안함을 표현하게 만드는 데 더 효과적이라고 해요.[57]

첫째도 공감, 둘째도 공감! 아이의 공감하는 힘을 끌어내세요.

## 22
## 강요하지 말고 아이가 선택하도록 하기

스스로 결정한 일에서
더 큰 기쁨을 느껴요

**자기결정감: "～해라"가 아니라 "～하면 어떨까?" 하고 말하기**

오리건대학의 경제학자 윌리엄 하보William Harbaugh 교수는 경제 게임 중에 참가자가 "당신의 계좌에서 15달러가 모금됩니다"라며 강제로 모금할 때와 "당신의 계좌에서 15달러를 모금하겠습니까?" 하고 모금 의사를 스스로 선택할 수 있을 때에 뇌가 느끼는 '보상 감각'을 측정했습니다.

어느 경우든 모금 자체에서 기쁨을 느끼지만, 당연히 스스로 선택할 수 있을 때가 보상 감각이 더 컸다고 합니다.[58]

가령 "나눠줘라"라는 요구에 따라 나누는 것보다는 "나눠주면 어떨까?"라는 제안에 스스로 선택하여 나눌 때 아이는 더 기뻐한다는 말입니다.

아이는 아직 자신의 욕구를 잘 억제하지 못하므로 "안 나눠줄 거야!"라고 말할 수도 있고, 그래서 문제가 생기는 것도 당연해요. 이때 억지로 나누게 하면 빼앗겼다는 느낌만 강해질 뿐, 다음에 착한 행동을 하게 되지는 않습니다. 그럴 때일수록 "나눠주면 어떨까?" 하고 말해보세요.

"친구가 속상한 표정을 짓고 있어"라고 덧붙이며 친구의 얼굴을 바라보게 하여 공감을 유도해주세요. 계속해서 경험하다 보면 자발적으로 나눠주게 될 겁니다.

만약 점토처럼 나눠줄 양을 정할 수 있을 때는 "많이 나눠줄까? 반만 나눠줄까?" 하고 나눌지 말지에 대한 물음이 아니라, 나눠줄 양을 선택하게 하는 물음도 효과적입니다.

# 23

# 아이의 고집과 집착이 추상적 사고력의 밑거름

## 아이의 고집을 나무라지 말고
## 아이 나름의 분류를 함께 즐기세요

### 집착은 외고집이나 까다로움에서 오는 것이 아니다

아이는 참으로 여러 가지 것에 많이 집착합니다. 공원에 갈 때 한 가지 길만 고집하기도 하고, 아침을 먹을 때는 "아빠가 꼭 여기에 앉아야 해!"라고 말하기도 하지요.

어느 날 어린이박물관에 가서 엄마가 아이의 입장권 버튼을 눌렀어요. 그러자 아이가 "내가 할래!" 하고 외칩니다. 엄마는 "그럼 네가 엄마 걸 뽑아주면 되겠다. 부탁해"라고 달래보지만 아이는 막무가내로 "내 거! 내 거 할래!" 하면서 울음을 터뜨립니다.

네가 뽑든 엄마가 뽑든 똑같다고 말해봐야 이해하지 못해요. 이럴 때 어째서 우리 애는 이다지도 제멋대로지? 또는 누구를 닮아 성격이 이리 까다로운가 싶어 불안해질 수도 있어요. 하지만 아이가 제멋대로이거나 성격이 까다로워서가 아닙니다.

'어느 쪽이든 같다'는 생각은 추상적인 사고력의 결정체예요. 추상이란 구체적인 것의 반대지요.

구체가 하나하나의 차이를 중요하게 여기는 데 반해, 추상은 사물의 핵심이 되는 중요한 부분만을 선택하고 다른 부분은 버립니다. 아이의 입장권이든 엄마의 입장권이든 중요한 (일이라고 생각되는) '버튼을 누르는' 행위는 같다는 것이지요.

이 추상적 사고력은 앞으로 지성, 사회성, 인내력 등 인간다움의 여러 가지 소양을 길러갈 토대입니다.

그 옛날 지구상에는 네안데르탈인과 호모사피엔스가 있었는데, 지금으로부터 3만 년 전쯤 네안데르탈인은 멸망하고 호모사피엔스는 커다란 발전을 이룩했습니다. 그 이유는 호모사피엔스만이 추상적 사고력을 익혔기 때문이라고 해요. 추상적 사고력을 기르지 못한 네안데르탈인은 똑똑한 호모사피엔스를 당해내지 못했던 것입니다.

호모사피엔스인 인간도 두 살까지는 네안데르탈인처럼 눈앞의 것밖에 생각하지 못해요. 세 살이 지나고 초등학교에 입학할 때까지 점차 추상적 사고력이 자랍니다. 유아기는 추상적 사고력을 키우는 매우 중요한 시기인 셈이지요.

## 아이의 집착을 부정하지 말고 맞춰준다

어른이라도 가령 난해한 가전제품의 사용법에 대해 설명을 듣고 겨우 이해했는데, 한 번 더 물어보니 다르게 설명을 하면 '좀 전과 똑같이 설명해줬으면!' 하는 마음이 들지요. 어느 쪽이든 똑같다고 말해도 아직 제대로 사용하지 못하는 상황에서 다른 말로 설명을 들으면 이해가 안 됩니다. 이해하고 싶은 마음은 굴뚝같은데 말이지요.

하물며 어른들도 이런데 겨우 세상의 이치를 이해하려고 하는 아이로서는 자기 눈에 분명히 다르게 보이는 것을 같다고 이해하기란 불가능합니다. 그래서 불안을 느끼는 아이에게 "어느 쪽이나 똑같아!"라고 해버리면 이해하려고 하는 마음이 꺾입니다.

'늘 같은 것'에 대한 집착이 만 3세가 지나면서 올바른 이해로 이어집니다. 그리고 유아기 후반이면 추상적 사고력이 발달하면서 이러한 집착은 사라진다고 알려져 있어요.

아이가 늘 똑같이 하기를 고집한다면 일단 맞춰주세요. 어느 쪽이든 똑같다는 말은 금지어로 삼아야 합니다.

또한 아이 나름의 분류를 함께 즐기세요. 슈퍼마켓에서 '종류별 음식 찾기'를 하거나 가족 중에 '다른 사람 찾기'(엄마만 생일이 여름이라거나, 아빠만 수염이 있다……)를 해보면 제법 재미있습니다. 이런 놀이도 추상적 사고력을 키워줘요.

# 24
## 많이 마주 보고 힘껏 안아주어
## 추상적 사고력 단련하기

아이처럼 놀며 말을 걸어주면
아이가 똑똑해져요

**작은 것에 대한 집착이 생각하는 힘을 길러준다**

돌 무렵이면 아이들은 조금씩 손끝이 야물어지면서 세세한 부분까지 만질 수 있게 돼요. 그리고 손으로 만지는 감각과 눈으로 본 정보를 비교하면서 점점 사물의 섬세한 부분에 주의를 기울이게 됩니다. 지금까지 막연하게 보던 것을 제대로 볼 수 있게 되는 것이지요.

그 결과 어른이 보기에는 아무래도 상관없는 것들을 매우 거슬려 하기도 합니다. 천재 장기 기사로 유명한 후지이 소우타藤

#聡太도 받았다는 몬테소리교육을 개발한 마리아 몬테소리Maria Montessori는 이것에 '작은 사물에 대한 민감기'라고 이름 붙였습니다.[59] 심리학 분야에서는 이를 '지속적 주의력'이라고 해요.

이것은 주의력 중에서도 가장 기본적인 힘으로 캔자스대학의 존 콜롬보John Colombo 교수를 비롯한 많은 연구를 통해서도 돌 이후부터 점차 발달한다고 밝혀졌습니다.[60]

게다가 돌 즈음에 사소하고 작은 일에 열중할수록 40개월 무렵의 집중력이 높다는 보고도 있습니다.[61]

만 2세가 지나면 그렇게 주의를 기울인 것 중에서 가장 중요한 것을 뽑아내는 힘(선택적 주의력)이 자랍니다. 지금은 정보가 넘쳐나는 시대이니 중요한 정보를 스스로 골라내는 능력은 무척 중요하지요.

가령 지금 있는 자리에서 주위를 쓰윽 둘러보고 붉은색 물건을 찾아보세요. 붉은색 사물만 눈에 쏙쏙 들어올 것입니다. 이것도 많은 정보 속에서 중요한 것만 골라내는 능력 중 하나입니다. 다른 정보는 모두 버리는 것이지요.

외출한 곳에서 아이들끼리 나누는 대화가 너무 귀여워서 스마트폰으로 녹음을 했는데, 막상 재생해보니 주위의 소음 때문에 아이들의 말소리가 잘 들리지 않았던 경험이 있나요? 이것을 '칵테일파티 효과'라고 해요. 귀 역시 중요한 것만을 골라내고 다른 정보는 버리는 것입니다.

세 살 이후에는 이러한 힘이 사고력에서도 발휘되어 일의 중요한 부분만을 빼내어 생각하는 힘(추상적 사고력)이 자랍니다.

## 아이와 같은 눈높이에서 마음껏 즐기며 놀기

유아기에 주의력을 제대로 높여주면 나중에는 알아서 똑똑하게 자랍니다. 그러려면 무엇을 하면 될까요?

첫째, 많이 마주 보세요. 아이가 가장 먼저 응시하는 존재는 틀림없이 엄마 아빠입니다. 태어날 때부터 많이 마주 보면 아이의 주의력이 높아집니다.[62]

참고로 갓 태어난 아기는 얼굴에서 30센티미터 정도 떨어진 거리만 초점이 맞아서 '또렷이' 보인다는 이야기도 하는데, 약간 오해가 있습니다. 눈은 빛을 느끼지만 뇌에는 빛이 전달되지 않으므로 빛을 전기신호로 변환해 뇌로 보냅니다. 그리고 그 전기신호가 뇌의 시각정보를 처리하는 영역까지 도달하면 '보인다'고 이해하게 되지요. 아기는 이런 복잡한 처리에 아직 능숙하지 않기 때문에 모든 물체가 희미하게 보입니다. 그러니 어느 거리에서도 초점은 잘 안 맞아요. 다만 희미하게 보이니 얼굴을 가까이 가져가지 않으면 알아보지 못합니다. 그래도 30센티미터보다 가까우면 시야에 다 안 들어가니, 30센티미터 정도가 가장 적당하겠네요.

인디애나대학의 첸 유Chen Yu 교수팀은 만 1세 아기를 대상으로 '아기와 부모가 함께 놀 때의 놀이법과 아이의 주의력과의 관계'에 대한 실험을 진행했습니다.

그 결과 아이가 장난감에 먼저 주의를 기울인 뒤 부모가 함께 놀기 시작할 때까지의 시간은 아이가 주의를 길게 지속하는 것과 무관하지만, 함께 놀기 시작한 뒤부터는 오래 함께 놀아줄수록 아이의 주의 지속 시간이 길어진다는 사실을 알아냈습니다.[63]

그러니 아이가 놀기 시작하면 쏜살같이 달려갈 필요까지는 없지만, 놀아줄 때는 느긋하게 충분한 시간을 함께 놀아주세요.

또한 아이가 관심을 갖는 물건은 평소에 어른이 신경도 쓰지 않던 것이지만, '이런 물건이 여기 있었어?' 싶을 만큼 잘 보면 재미있는 발견을 할 수 있습니다. 또 아이의 눈높이에서는 세상이 어떤 식으로 보이는지를 경험해보는 것도 좋아요.

부모가 억지로 무언가에 관심을 끌 필요는 없지만, 아이가 주의를 기울인 것에 대해서는 "이게 뭘까?", "재미있는 모양이네" 하고 말을 걸어주면 좋겠지요.

# 25
# 방 정리를 억지로 시키지 않기

"자, 이제 정리하자"라고 말하며
부모가 직접 치우세요

**늘 깨끗한 환경을 만들어두면 아이에게도 정리 의식이 싹튼다**

어른도 뭔지 모를 것들에 둘러싸여 있으면 신경이 분산되어 좀처럼 한 가지 일에 집중하지 못하게 되지요. 아이는 어른보다 훨씬 산만해지기 쉬우니, 방은 깨끗하게 정리해두는 것이 가장 좋습니다. 그렇다고 해서 아이에게 정리 습관을 키워주려고 직접 정리하라고 하면 어떻게 될까요?

기본적으로 아이가 한 가지 놀이를 끝내는 시점은 다음의 흥밋거리를 찾았을 때입니다. 그때 놀이가 끝났으니 장난감을 정리하라고 해봐야 아이는 말을 듣지 않아요. 또 다른 흥밋거리에 정신이 가 있기 때문이죠.

'깨진 유리창 이론'이라는 것을 아시나요? 깨진 유리창을 방치하면 창문이 점차 더 많이 깨져버립니다. 반대로 살짝 깨진 유리창을 바로 고치면 창문이 와장창 깨질 일은 없다는 것이지요.

실제로 뉴욕에서 있었던 일입니다. 과거에 뉴욕은 지하철에는 낙서투성이에 거리는 지저분하고 불법주차도 많았으며, 미국에서도 손꼽히는 중대범죄가 많이 발생하는 곳이었어요. 그런데 미국에 동시다발 테러가 발생했을 때 크게 활약한 루돌프 줄리아니 Rudolph Giuliani 시장이 지하철 낙서 등의 경범죄를 철저히 단속한 결과, 살인과 강도 범죄가 급격히 줄어들었습니다. 깨끗한 환경이 그만큼 중요하다는 이야기입니다.

디즈니랜드는 야간에 페인트가 벗겨진 부분이나 손상된 설비를 철저히 수리하며, 낮에도 미화 직원이 깨끗이 청소하는 데 여념이 없습니다. 매장에서 아이들이 장난감을 만진 뒤에 제자리에 되돌려놓지 않으면 점원이 즉시 다가와 웃으면서 제대로 진열하죠.

집에서도 어질러진 장난감을 부모가 치우면 아이도 언젠가는 정리하게 됩니다. 스스로 치우기 시작할 때까지는 "자, 이제 정리하자!"라고 말하며 부모가 재빨리 치워주세요.

# 26
# 아이의 실수를 바로잡지 않기

## 스스로 조금씩 깨닫고 고치면서
## 분류하는 힘을 길러요

### 이것저것 나누다가 '이해'로 이어진다

아이는 만 3세 무렵부터 여러 가지 분류를 시작합니다. 빨간색 자동차나 노란색 구슬만 모아보거나, 이야기 속에서 '착한 애'와 '나쁜 애'를 나누고, "이건 ○○ 거야!" 하고 말하기도 하지요.

분류는 제대로 이해하기 위한 행동입니다. 예를 들면 눈앞에 꾸물꾸물 움직이는 무언가가 있다고 해볼게요. '이건 뭐지? 동물인가?', '털이 난 걸 보니 곤충은 아닌가 봐', '누가 기르는 반려동물인가?' 하는 식으로 사람은 무언가를 이해하려고 할 때 '동물',

'곤충', '반려동물'처럼 자신이 아는 범주로 나누어 생각합니다. 제대로 '이해하려면' 자신이 아는 지식을 그룹별로 '나눌' 필요가 있는 것이지요.

가령 끝말잇기에서 '그'로 고심하는 아이에게 "있잖아. 그 놀이터에 있는……" 하고 힌트를 주면 "그네!" 하고 답이 튀어나오듯이 기억을 검색하는 데도 분류는 매우 편리합니다.

분류를 하면서 아이의 이해력과 기억력이 향상돼요. 빨간 구슬, 노란 자동차, 하얀 돌 등으로 나누는 작업에 집중하기 시작할 무렵, 아이의 머릿속에서도 미래의 '이해'를 위한 분류 작업이 시작되고 있습니다. 아이는 언제나 미래에 대한 준비에 여념이 없거든요.

아이의 '분류하는 힘'에 대해서는 많은 연구가 있어요. 일본에서는 조금 오래되었지만 나라교육대학의 심리학자인 스기무라 타케시杉村健 교수의 연구가 있습니다. 만 3세, 4세, 5세 아이 각각 60명을 대상으로 "너 꽃에 대해 아니? 어떤 꽃이 있을까?" 하는 식으로 물어보았을 때, 아이들이 대답한 종류를 연구자가 세어보았습니다.

그 결과 4세는 3세에 비해 꽃·과일·마실 것·곤충·탈것·채소 등에서는 두 배, 악기와 새 등에서는 서너 배 차이로 종류가 늘어났지만, 4세와 5세에서는 큰 차이를 보이지 않았습니다.

3세 무렵부터 분류를 하며 많이 놀면 말을 검색하는 능력이 점차 발달합니다(참고로 과자에 대해서는 어느 연령이든 별로 차이가 없었어요. 어린아이들에게 과자는 최고니까요!).[64]

다만 아직 분류를 잘하지는 못하니까 이상하게 나누기도 합니다. 하지만 그것이 자기 나름대로는 이해한 것이에요. 어른은 상상도 하지 못하는 의외의 분류법을 보이기도 하지요.

이럴 때 부모가 직접 고쳐주거나 간섭을 하며 바로잡으면 아이가 나름대로 이해한 것이 헝클어져버립니다. 시간이 지나면 자신이 이해한 것의 오류를 스스로 깨닫고 조금씩 수정해나갈 테니, 가만히 내버려두세요. 아이가 어떤 식으로 분류할지 상상하는 재미에 빠져보는 것도 좋아요.

# 27
## "왜요?"라고 물을 때 정답에 집착하지 않기

대답하기 곤란한 질문에 비슷한 사례를
얘기해주면 분류하는 힘을 키울 수 있어요

### 아이는 뇌 속의 분류 작업을 위해 부모에게 질문한다

만 2세까지는 머릿속의 기억이 충분히 정리되지 않아서 무언가
사건이 있거나 발견했을 때 이전의 일을 잘 떠올리지 못해요. 그
러니 두 살까지의 '생각하기'란 눈앞의 것을 이해하는 일이 중심
이지요.

하지만 만 3세가 되고 장난감 등을 분류하며 놀기 시작할 무렵
부터 기억도 분류되어 뇌 속에서 정리됩니다. 그 결과 기억을 빠
르게 검색하는 데 능숙해져요. 3세 무렵부터는 조금씩 눈앞의 일

을 과거의 기억과 비교하여 생각할 수 있게 됩니다.

뉴질랜드 오타고대학의 심리학자이자 같은 대학 최초의 여성 학장으로 취임한 할린 헤인Harlene Hayne 교수팀이 재미있는 실험을 했습니다. 아이에게 "오늘 해적이 모래사장에 보물상자를 숨기는 것을 봤어. 보물상자를 같이 찾아줄래?"라고 말하자 아이는 진지하게 모래사장을 파기 시작했어요. 하지만 찾아낸 보물상자에는 자물쇠가 채워져 있었습니다. "아, 열쇠만 있으면……."

다음 날, 쉬운 문제를 풀게 한 후 "지금부터 모래사장에 갈 텐데, 너는 문제를 잘 풀었으니까 이것들 중에서 좋아하는 물건을 하나 가져가도 된단다"라며 작은 공, 작은 장난감, 그리고 열쇠를 보여주었습니다.

그러자 만 3세는 33퍼센트, 4세는 75퍼센트의 아이가 열쇠를 골랐어요. 열쇠를 고른 아이들은 눈앞의 열쇠를 본 순간 어제의 일을 떠올리고는 보물상자를 열기 위해 모래사장에 열쇠를 가져가야겠다고 생각한 겁니다.[65]

이렇게 무언가 사건이 생기면 순간적으로 과거의 기억이 소환됩니다. 그리고 또 언젠가를 대비해 지금의 사건을 분류해두려고 하지요. 그러다 보면 당연히 어느 것으로 분류해야 할지 모르는 경우가 생기고, 그러면 바로 어른들에게 이것저것 묻지요. 이른바 '질문 폭발기'가 되는 거예요.

## 같이 분류될 만한 사례를 알려준다

아이들이 "왜?"라고 질문하면 당연히 정성껏 대답해주는 것이 좋지만, 답변하기 어려울 때도 많지요. 일일이 전부 대답하려고 애쓰다가는 짜증이 나서 부모에게도 아이에게도 좋지 않습니다.

부모가 어려움을 느끼는 질문은 세 가지 유형으로 나뉩니다.

첫째, 어른은 더 이상 '왜?'라는 생각 없이 하는 일입니다. 새삼스레 물어오는 아이에게 답하기가 쉽지 않아요.

예를 들어 온 가족이 회전초밥집에서 외식을 합니다. 그런데 회전초밥집에 처음 온 아이는 빙글빙글 돌아가는 선반에서 초밥을 맘대로 집어 접시에 담아 먹는 것이 신기하기만 합니다. "엄마, 왜 이렇게 먹어요?"

이럴 때 선뜻 대답할 말이 떠오르지 않을 수 있습니다. 아무리 궁리해내도 고작 "회전초밥은 원래 이렇게 먹는 거야" 정도밖에 안 될 수 있어요. 이런 일이 되풀이되다 보면 아이의 '왜?'라는 질문이 성가시게 느껴집니다.

이렇게 너무나 당연해서 설명하기 어려운 질문에는 적당히 대답해도 괜찮아요. 회전초밥 먹는 방법은 특별하지요. 그래서 즐겁기도 하고요. 이럴 때는 "회전초밥은 원래 이렇게 먹는 거야" 하고 어른들이 생각하는 그대로 알려줘도 충분합니다.

차려진 음식이 아니라 골라 먹는 이유를 설명하려고 애쓰기보다는 아이가 알고 있는, 같은 분류의 무언가와 연결해주어도 아이가 재미있어해요.

가령 "뷔페에서도 자기가 먹고 싶은 음식을 골라 먹는단다. 다음에 같이 뷔페식당에 가자꾸나" 하고 아이의 기대감을 높여주어도 좋겠어요.

# 28
## 어려운 질문에 사실을 답하려고 애쓰지 않기

설명을 들어도 이해할 수 없는 이야기는
아이에게 오히려 해로울 수도 있어요

### 답을 이해할 수 없는 질문은 상상의 이야기로 전환한다

아이의 '왜'라는 질문이 어른을 곤란하게 하는 세 가지 유형 중에서 두 번째는 '그걸 내가 어떻게 알아!' 싶은 것들입니다. "저 자동차는 어디로 가요?", "저 사람은 뭘 하고 싶은 거예요?", "이 상자는 왜 여기에 있어요?"처럼 말이에요.

해 질 무렵에 육교 위에서 달리는 차를 바라보다가 문득 '저 차는 어디를 향해 달리는 걸까?' 하고 궁금증을 가져본 적이 있지 않나요? 하지만 궁금해한다고 해서 다 알 수는 없다는 것을 어른들은 알고 있으니 마음에 담아두지 않습니다.

반면에 아이는 어른들은 무엇이든 다 안다고 여기기 때문에 궁금한 것은 전부 물어봅니다.

이런 유형의 질문에 사실을 답하려고 애쓸 필요는 없어요. 아무리 애써도 불가능하거든요. 하지만 그렇다고 "내가 그걸 어떻게 알아!" 하고 짜증을 내지는 마세요.

이럴 때는 상상력을 발휘해서 얘기를 즐겁게 이끄는 방법도 좋아요. "아마 일을 끝내고 집으로 가는 걸 거야", "아이가 오늘 생일이어서 케이크를 사 가는 걸지도 몰라", "그 아이는 몇 살쯤 되었을까?" 하고 말입니다. 아이들은 상상하는 것을 무척 좋아하기 때문에 분명 "네 살일 거예요!" 하고 대답해줄지도 몰라요.

### 아이에게 익숙한 것들과 연결해 이야기해주면 사고력이 높아진다

어른을 곤란하게 만드는 아이의 질문 유형 중 세 번째는 아이에게는 설명해봐야 알아듣지 못하는 것입니다. 어른들조차 전문적인 지식이 없다면 모르는 것이 있어요. 예를 들면 "비누에서는 어째서 거품이 나지요?"라는 질문처럼 말이에요.

물에 숨을 불어넣으면 공기인 거품은 금세 사라집니다. 반면에 비누에는 계면활성제가 들어 있어요. '계면'이란 물과 공기의 경계면을 말하지요. '활성'이란 활발하다는 것이고요. 비누의 계면 활성제 성분이 물과 공기의 경계면을 활발하고 강하게 만들어주므로 거품이 일어나 잘 사라지지 않는 것입니다.

하지만 이런 것을 아이에게 가르쳐준들 아이는 이해하지 못하기 때문에 전혀 의미가 없지요. 그뿐 아니라, 해롭기도 합니다.

'회전초밥'의 경우에는 그 말이라도 알게 되니 어휘가 하나 늘어납니다. 어휘력이란 여러 말의 그룹이 머릿속에 얼마나 존재하느냐를 뜻해요. 그러면 새로운 것을 만났을 때, 해당 그룹을 머릿속에서 찾아내기 쉬워져요. 그룹이 점차 서로 연결되므로 지식도 제대로 기억되고, 꼬리에 꼬리를 무는 식으로 지식을 늘려나갈 수 있습니다.

하지만 '계면활성제'라는 단어의 그룹은 아이의 머릿속에는 없어요. 이렇게 혼자만의 어휘가 늘어나봐야 그 지식은 고정되기 어려우며 금세 잊힙니다.

과학은 스스로 생각해서 "그렇구나!" 하고 깨달으며 재미를 느끼는 법입니다. 비누에서 거품이 이는 원리를 듣고도 고개가 끄덕여지지 않는 나이에 정답을 알려주면 수학 문제의 원리를 이해하지도 못한 상태에서 답을 전부 베껴 쓰는 것과 다름없습니다. 스스로 생각해서 터득하지 않고도 마치 아는 것 같은 기분이 들지요.

이런 일은 앞으로 생각하는 힘이 더 생겼을 때 아이에게서 과학의 재미를 느낄 기회를 빼앗아버리고 맙니다. 백해무익이란 이런 것을 두고 하는 말이지요.

"비누에서는 어째서 거품이 나요?"라는 질문에는 "손을 깨끗이 씻어야 하니까 그렇지 않을까?"라거나 "비눗방울을 만들 수 있어서가 아닐까?" 하는 식으로 '비누에서 거품이 이는 이유'가 아니라 '비누에서 거품이 난 결과'에 대해 이야기해주세요.

눈에 보이지 않는 '이유'보다 눈에 보이는 '결과'가 아이에게는 훨씬 가깝게 느껴지거든요. 그리고 '비누의 거품'이 '손 씻기'나 '비눗방울'처럼 이미 알고 있는 기억과 연결되어 아이가 훨씬 잘 이해할 수 있습니다.

말로 하는 설명은 그 정도로 해두고, 비누로 신나게 노세요. 비눗방울을 만들거나 비눗물에 빨대로 숨을 불어넣어보기도 하고, 더러워진 옷을 함께 비벼 빨면서 비누의 거품을 오감으로 느끼는 것이 과학을 좋아하는 아이로 키우기 위해 유아기에 해야 할 가장 중요한 일입니다. 아이가 훗날 과학을 배울 때 어린 시절의 놀이를 떠올리며 훨씬 잘 이해하게 될 겁니다.

# 4부

# 0~7세
# 적당히 생활 습관

# 수면, 식사, 놀이

# 29
## 아이의 수면 리듬 조율해주기

### 인내심을 갖고 서서히 밤이면 자고
### 아침이면 일어날 수 있는 환경을 만들어주세요

**밤에 우는 원인은 생물시계에 따르지 않기 때문이다**

아이가 밤늦은 시간까지 안 자거나 새벽에 깨어나 심하게 울다가 아침에는 졸려 한다면……. 아이의 생물시계가 아직 지구의 리듬과 맞지 않기 때문입니다.

지구상의 동물과 식물은 지구의 리듬에 맞춰 더 잘 살기 위해 24시간을 한 주기로 하는 생물시계를 가지고 있어요. 가령 매미는 천적이 아직 잠들어 있는 새벽에 천천히 날개를 펴는데, 이것도 생물시계의 작용에 따른 행동입니다.[66] 해가 떠오른 뒤에 어슬

렁거리며 나왔다가는 눈 깜짝할 사이에 잡아먹히고 말거든요.

2017년에 이 생물시계를 조절하는 '시계유전자'를 발견한 미국인 생물학자 세 명이 노벨상을 수상했습니다.

사람은 낮에 활동하고 밤이 되면 졸립니다. 졸리다는 것은 자야 할 시간이 가까워졌음을 생물시계가 감지하고 뇌에서 졸음을 유도하는 수면 호르몬을 분비하기 시작했다는 신호예요. 이 상태로 누워서 눈을 감으면 자연스레 뇌가 수면 모드로 들어갑니다.

잠을 충분히 자서 뇌와 몸이 내일을 맞을 준비가 되면 생물시계가 이번에는 수면 호르몬의 분비를 줄입니다. 사람은 태양의 빛 때문에 눈을 뜨는 것이 아니라, 생물시계에 설정된 기상 시간이 일출 시간과 잘 맞아떨어져 잠에서 깹니다.

게다가 햇빛은 생물시계를 되돌리는 작용을 한다고 알려져 있어요.[67] 인간의 경우, 생물시계의 사령부는 좌우의 눈과 뇌를 연결하는 영역 부근에 있어서 눈으로 빛이 들어오면 쉽게 되돌리도록 만들어져 있어요. 참으로 절묘하지요. 이로 인해 수면 호르몬의 분비가 완전히 멈추고 잠에서 확실히 깨어나는 것입니다.

그러니 반대로 생물시계와 다른 시간에 자고 일어나려고 하면 몸이 말을 듣지 않아요. 수면 중에도 뇌와 몸이 충분히 쉬지 못하지요. 아직 생물시계가 제대로 자리 잡지 못한 어린아이의 경우에는 밤에 깨서 우는 일이 많습니다.

## 아기의 생물시계는 어른이 맞춰줘야 한다

인간의 아기는 매우 미숙한 생물시계를 갖고 태어납니다. 처음 한 달 동안은 자고 일어나는 시간이 태양 따위는 완전히 무시한 채 매우 불규칙적이지요.[68] 하지만 어른이 해가 뜰 무렵에 깨우고 어두운 밤에 살살 재워주면 조금씩 생물시계가 자리를 잡아갑니다. 오랜 시간 동안 인간은 이렇게 자연스럽게 살아왔습니다.

그런데 요즘 세상에는 햇빛 이외에도 밝은 빛이 많습니다. 밤에도 스위치 한 번만 누르면 방이 금세 밝아지고, 텔레비전, 스마트폰 등이 아이의 눈에 밝은 빛을 가차 없이 쏘아대며 생물시계의 버튼을 누릅니다.

저녁에 수면 호르몬이 분비되어 졸음이 오다가도 이러한 빛 때문에 아이의 생물시계가 아직 낮이라고 착각하여 다시 수면 호르몬의 분비를 멈춰버립니다. 어른도 편의점 매장 정도의 밝은 빛이면 생물시계가 두세 시간 늦춰진다고 알려져 있어요.[69]

아이의 생물시계는 어른보다도 훨씬 빛에 민감하다고 해요.[70] 그렇게 졸려 하더니 잠시 장을 보러 마트에 들른 사이에 눈이 말똥말똥해져서는 몇 시간이나 어긋나버린 생물시계가 잘 시간을 알릴 무렵이면 이미 밤을 꼴딱 새운 상태일 때도 있어요.

이런 생활이 반복되면 아이의 생물시계가 지구의 리듬과는 다르게 고정되거나, 정해진 리듬을 갖지 못하게 됩니다. 아이의 몸과 뇌가 망가진 생물시계에 올라탄 것이지요.

아이의 생물시계는 만 2세가 될 때까지 만들어집니다. 이렇게 한번 만들어진 생물시계는 일곱 살이 지나면 고치기 어렵다고 해요. 유아기에는 생물시계를 지구의 리듬에 맞춰 조율해주는 것이 아이가 인생을 편하게 사는 데도, 또 부모가 편하게 아이를 키우는 데도 매우 중요합니다.

그러려면 무엇보다 매일 아침 일정한 시간에 생물시계의 리셋 버튼을 눌러야 해요. 일정한 시간에 일어나는 것이 중요합니다. 가능하면 7시 전으로 시간을 정해 커튼을 젖히기만 해도 됩니다. 이 순간부터 아이의 생물시계가 낮잠이나 밤잠 시간을 향해 시간을 새기기 시작합니다.

낮잠은 밝은 방보다는 아이의 생물시계가 밤이라고 느낄 수 있도록 방을 어둡게 연출해서 재우는 것이 좋아요. 아이가 졸려 하면 밝은 가게에서 빨리 나오고, 잠들기 두 시간 전부터는 텔레비전과 스마트폰 사용을 자제하는 게 좋습니다.

아이의 생물시계를 지구의 리듬에 맞춰 조율하기만 해도 밤에는 자연스레 졸리고 아침이면 개운하게 눈이 떠집니다. 당연히 부모가 아이의 취침과 기상 리듬에 휘둘리는 일도 줄어듭니다.

# 30
# 아이가 밤중에 깨도 상대하지 말고 얼른 재우기

## 편히 잠잘 수 있도록 자기 전에
## 아이의 기분을 풀어주세요

### 생후 6개월이 지나면 밤중 수유 끝내기

아이가 밤중에 수시로 깨거나 원인을 알 수 없는 울음이 계속된다면 정말로 곤란하지요. 그러잖아도 낮에 아이와 씨름하느라 지쳐 밤잠이라도 충분히 자야 하는데 말입니다.

수면에는 전혀 다른 두 종류의 상태가 있습니다. 잠이 들면 우선 뇌파도 느릿한 논렘수면(깊은 수면)이 시작됩니다. 그리고 얼마 지나면 몸은 잠이 든 상태지만, 뇌는 깨어 있을 때처럼 활발하게 움직이기 시작해요. 이것을 렘수면이라고 합니다. 어른은 밤에 한번 잠이 들면 '논렘수면 → 렘수면'의 주기를 네다섯 번 정도 되풀이한 뒤에 잠에서 깹니다.

반면에 인간 이외의 포유류는 '논렘수면 → 렘수면'이 한 주기여서 렘수면을 한 뒤에 반드시 잠에서 깨지요. 너무 오래 잠을 자면 적에게 습격을 당할지도 모르기 때문이에요. 인간도 어릴 때는 렘수면을 한 뒤에 깨기 쉽습니다. 그러고는 안아달라면서 투정을 부리기도 하지요.

이럴 때 열혈 부모들은 졸음을 참아가면서 안아주고, 젖을 물리거나 분유를 주며, 어쩌면 불을 켜줄지도 모릅니다. 하지만 사실 그런 행동은 아이가 인간다운 수면리듬을 익히는 데 방해가 될 뿐이에요.

미국국립수면재단에서는 밤중에 영양 보급이 필요한 시기는 기껏해야 생후 6개월 정도까지이고, 그 이후로는 밤중에 깨어도 스스로 잠들도록 할 것을 권장합니다.

생후 6개월이 지났다면 설령 밤중 수유를 하더라도 하룻밤에 한 번이면 됩니다. 그리고 돌까지는 밤중 수유를 끊어야 해요. 불을 켜지 말고 땀이 났는지 기저귀가 불편한지 살짝 확인한 후 조용히 토닥이며 재우세요.

만약 이미 돌이 지난 경우라면 아이에게 잘 설명하여 밤중 수유를 끊도록 유도해야 합니다. 단번에 끊기는 어렵겠지만, 잠 재울 때 수유하는 습관을 줄여가다가 젖과 수면의 연동을 끊어보세요. "밤에는 쭈쭈가 다른 아기한테로 날아간대"라고 이야기해주면 밤중 수유와 작별하기 쉬울지도 모릅니다.

반면에 정말로 안아달라는 것이 아니라, 그저 잠꼬대처럼 우는 경우도 있어요.

유아수면전문가인 시미즈 에츠코清水悦子는 이것을 '잠꼬대 울음'이라고 했어요. 렘수면 중에는 뇌와 몸이 분리된 상태인데, 우연히 어떤 이유로 둘이 연결되어버리면 어른도 잠꼬대를 합니다. 잠꼬대에 응해주면 렘수면 중에 뇌와 몸이 쉽게 연결되어 잠꼬대가 늘어나니, 잠꼬대에는 대답하지 말라고 들은 적이 있지 않나요? 이와 마찬가지로 밤중에 잠꼬대로 우는 아이에게 일일이 대답을 해주면 렘수면의 리듬이 깨져서 밤중에 우는 일이 늘어납니다.

18개월 이전의 아기는 밤중에 몇 번이고 울면서 깨어나고, 그때마다 엄마가 안아주거나 젖을 물리지요. 그러다 보면 아기를 안은 채로 앉아서 잠을 자는 엄마도 많습니다.

한 엄마는 이런 상태에서 어떻게든 벗어나보려고 아기가 울어도 바로 젖을 물리지 않고, 일단 밤중 수유 간격을 세 시간으로 벌리기로 정했습니다. 그러고는 이불에 뉘인 채로 계속 토닥이거나 귓가에 대고 '쉬쉬' 하고 속삭여보았어요. 이 속삭임 작전은 매우 효과적이어서, 어느새 울음을 그치고 잠이 든다고 해요.

## 잠들기 전에 슬픈 감정을 풀어준다

인간의 뇌에는 자는 동안에 깨어 있을 때의 기억을 재생하여 정착시키는 시스템이 있습니다. 매사추세츠공과대학의 매슈 윌슨 Matthew Wilson 교수팀은 쥐의 뇌에 많은 전극을 심은 뒤 MRI(자기공명영상) 촬영을 한 결과, 자는 동안 기억이 재생된다는 것을 확인했습니다.[71]

이 말은 아이가 많이 운 날에는 자다가 한 번 더 울지도 모른다는 겁니다. 이것 역시 잠꼬대로 우는 것과 마찬가지로 딱히 배가 고파서 그런 것도, 기저귀가 젖어서 그런 것도, 안아달라는 것도 아니니 어떻게 해도 쉽사리 멈추지 않습니다. 괴로운 사건을 두 번이나(두 번째는 가상의 체험으로) 겪다니 안쓰럽기는 하지만 어쩔 수가 없지요.

가령 아이가 친구와 싸워서 많이 울고 화해를 한 후에 함께 간식을 먹었다면 "실컷 울고 나니 배가 고파서 간식이 맛있었다. 그치?", "그렇게 싸우다니 친한 친구라는 증거지, 뭐" 하고 슬픈 감정을 풀어주세요. 애매한 기분으로 잠드는 것보다는 훨씬 잘 잡니다.

참고로 미국국립수면재단의 가이드라인에 따르면 적절한 수면시간은 생후 3개월까지는 14~17시간, 4개월부터 11개월까지는 12~15시간, 만 1세에서 2세까지는 11~14시간, 만 3세에서 5세까지는 10~13시간입니다.

아이는 깨어 있는 동안에 여러 가지를 배우는 것처럼 수면 방식도 학습할 수 있어요. 잘 자지 못하는 날도 많겠지만, 초조해하지 말고 아침까지 푹 잘 수 있도록 유도해주세요.

# 31
## 부모도 밤이면 집안일은 제쳐두고 충분히 자기

충분히 자야 건강한 정신과 신체로
아이에게 사랑을 듬뿍 줄 수 있어요

### 잠이 부족하면 감기에 걸리기 쉽다

과거에는 아이를 여럿 돌보면서도 잘 시간을 아껴 틈틈이 바느질을 하거나 방을 깨끗하게 치우는 것을 미덕이라 여겼어요. 하지만 그런 생각은 이미 한물간 사고방식입니다. 육아와 관련한 최신 연구는 부모에게 잘 시간을 쪼개 집안일을 하기보다는 충분히 자라고 권해요.

잠이 부족하면 판단력이 흐려집니다. 어린아이를 키우는 부모라면 작은 실수가 큰 사고로 이어질 우려도 있어요.

펜실베이니아대학의 반 동겐Van Dongen 연구팀은 평소 수면시간이 약 8시간인 어른을 네 그룹으로 나누어 세 그룹에는 각각 8시간, 6시간, 4시간 수면을 취하도록 하고, 나머지 한 그룹은 철야를 하도록 한 뒤 단순작업에서 실수하는 빈도를 알아보았습니다. 그러자 6시간 수면을 취한 그룹은 열흘, 4시간 수면을 취한 그룹은 일주일이 지나자 밤을 샌 사람과 비슷할 정도로 실수를 한다는 사실이 밝혀졌어요.[72]

스페이스 셔틀 챌린저호 폭발 사고, 체르노빌 원전 사고, 스리마일섬 원전 사고 등은 모두 수면 부족으로 인한 실수가 원인이었다고 하지요. 자주 쓰는 물건을 어디에 두었는지 깜빡 잊거나 작은 실수를 해서 후회하는 일이 많은 사람은 충분한 수면이 해결책이 될지도 모릅니다.

또 깜빡깜빡하는 실수만큼이나 피하고 싶은 것이 바로 아이가 어릴 때 질병에 걸리는 것이지요. 아이의 놀아달라는 투정과 떼쓰기, 질문 폭격도 모두 건강해야 웃으면서 대응할 수 있습니다.

잠이 부족하면 가장 먼저 면역력이 떨어집니다. 캘리포니아대학의 정신의학자 애릭 프래서Aric A. Prather 박사팀은 감기 바이러스를 코로 투여한 뒤 감염 위험과 수면시간의 상관관계를 조사했어요. 그러자 수면시간이 7시간 이상인 사람에 비해 5~6시간만 자는 사람은 무려 4배가 넘게 감기에 잘 걸린다는 것을 밝혀냈습

니다.[73]

어린이집이나 유치원에 다니는 아이의 부모는 매일 아이들이 가져오는 감기 바이러스를 강제로 투여당하는 셈입니다. 수시로 감기에 걸리는 사람은 수면이 부족한 것일지도 모릅니다.

## 잠이 줄어들수록 짜증도 늘어난다

반면에 푹 자면 짜증과도 작별할 수 있다는 장점이 있어요. 잠이 부족하면 짜증이 쉽게 난다는 건 모두 느꼈을 거예요.

잘 자고 나면 낮에 안심 호르몬(세로토닌)의 활동이 활발해진다고 알려져 있습니다.[74] 그리고 이 안심 호르몬은 일어난 지 14~16시간 뒤면 몸속에서 수면 호르몬으로 바뀌므로 또다시 푹 잘 수 있게 만들어줘요. 이것이야말로 숙면의 선순환이지요.

반대로 짜증이 나면 분비되는 스트레스 호르몬에는 각성 작용이 있어서 좀처럼 잠을 이루지 못하게 됩니다. 잠이 부족하니 다음 날에도 짜증이 치밀지요. 이것은 수면 부족의 악순환입니다.

부모가 짜증을 내는 것에 비하면, 방이 어질러져 있거나 전날 저녁에 먹고 남은 반찬이 다음 날 도시락에 들어와 있거나 빨랫감이 잔뜩 쌓여 있는 것쯤은 문제도 아닙니다. 오늘 밤에는 집안일은 적당히 해두고 아이와 함께 아침까지 푹 자보면 어떨까요?

부모가 애쓸수록 아이도 잘 자라는 것 같고, 정리된 집에서 아이를 키우고 싶으며, 아이에게 좋다는 것은 다 하고 싶은 것이 부모의 마음일지도 모릅니다. 하지만 그렇게 되면 줄어드는 것은 수면시간밖에 없지요.

본디 아이를 키울 때 가장 중요한 것은 '사랑을 듬뿍 주는 일'입니다. 짜증은 이에 가장 큰 적이지요. 그러니 부모가 잘 잘수록 아이를 잘 키울 수 있습니다.

아이에게 짜증을 내는 시간이나 그로 인한 문제에 대응하는 시간, 몸 상태가 좋지 않아 제대로 활동할 수 없는 시간이 줄어들어 아이에게 사랑을 더 쏟을 수 있어요.

# 32

## 발표회 전날에는 충분히 재우기

### 잠만 잘 자도 몸으로 익힌
### 기억을 훨씬 강화할 수 있어요

**기억력과 사고력을 높이는 수면**

드디어 내일 아이의 학예발표회가 열립니다. 아이도 부모도 설레
기는 마찬가지지요. 열심히 연습했지만 막상 무대에 올라 실수하
면 어쩌나 하고 걱정된다면, 일단 충분히 자게 해주세요. 숙면을
취하면 연습한 것 이상으로 실력을 발휘할 수도 있다는 이야기를
지금부터 해보려고 합니다.

뇌 속에는 신경세포라고 불리는 돌기들로 이루어진 신경 다발
이 1,000억 개나 자리하고 있습니다. 이 신경세포에서 옆의 신경

세포로 전류를 흘려보내어 여러 가지 것들을 생각하고 기억하게 됩니다.

예를 들어 몇몇 신경세포를 연결해 어떤 단어를 기억했다고 해도 그 이음새는 또다시 점점 분리되어 단어를 떠올리지 못하게 되지요. 하지만 여러 번 반복하여 익히면 이제 신경세포 사이에 전류가 원활하게 흐르면서 잊어버리지 않습니다.[75]

수면이 깨어 있는 동안에 연결한 신경세포의 이음새를 단단히 하고, 잘 잊어버리지 않도록 만든다고 해요.

런던대학의 다그마라 디미트리우Dagmara Dimitriou 박사팀이 아이들을 대상으로 실험을 진행했습니다. '고양이=바스코', '닭=라즈' 등의 동물 이름을 외우게 하는 기억력 테스트 결과 깨어 있을 때는 점수 변화가 거의 없었지만, 그저 잠만 잤을 뿐인데 수면 후에는 점수가 14퍼센트나 높아졌습니다.

잠을 자면 잘 잊어버리지 않게 된다는 말이에요. 학습지에 자주 등장하는 수학 퍼즐도 마찬가지로 잠을 푹 자고 나서 푼 점수가 25퍼센트나 높아졌어요.[76] 수면 중에 기억을 정리하여 뇌가 맑아지면 생각하는 힘도 자랍니다.

## 동작의 정확성도 수면을 통해 높아진다

그리고 수면에는 더욱 놀라운 효과가 있어요. 단어야 잘 잊어버리지 않는 정도지만, 기억 중에서도 악기 연주, 운동, 주판셈이나 율동 등 '몸으로 익힌' 유형의 기억은 잠만 자도 자기 전에 비해 훨씬 잘하게 된다는 사실이 과학적으로 입증되었습니다. '몸으로 익혔다'고는 하나 몸이 멋대로 움직이는 것은 아니에요. 주로 소뇌의 명령을 받아 움직이지요.

소뇌는 수십 번 수백 번을 연습한 몸의 동작 중에서 원활하지 않은 움직임과 관련된 뉴런의 연결을 끊어내고, 최종으로 잘 되는 방법만을 자동으로 재생하는 시스템을 갖고 있습니다. 도쿄대학의 신경과학자 이토 마사오伊藤正男 교수는 소뇌의 이러한 기능을 발견해서 문화훈장을 수여받았습니다.

소뇌의 작업은 잠들어 있는 동안에도 계속됩니다. 가령 키보드를 빠르게 치는 사람은 'H가 어디쯤 있었더라……?' 하고 생각하지 않고도 몸이 문자가 있는 곳을 기억합니다. 하버드대학의 매슈 워커Matthew Walker 교수팀의 실험에서는 이러한 키보드 입력을 연습한 직후보다도 하룻밤 자고 난 후에 정확도 면에서 25퍼센트, 속도 면에서 16퍼센트나 향상되었다고 해요.[77]

게다가 어려운 동작일수록 자기 전에 비해 자고 난 뒤에 속도가 더 높아졌습니다.[78] 잘 연습한 뒤에는 잠을 자면 확실히 더 능숙해진다는 뜻이에요.

예를 들면 피아노곡을 연습하는데 잘 안 되는 부분이 몇 군데 있어서 끝까지 실수 없이 치지 못했다고 해봅시다. 이때 잠만 잘 자면 뇌가 알아서 서투른 신경세포의 연결을 완전히 잘라내므로 다음 날에는 실수 없이 한 곡을 연주할 수 있게 돼요. 이런 경험을 해본 적 없나요?

발표회, 진급 시험, 대회나 시합 등이 있기 전날에는 부모도 아이도 긴장한 나머지 평소보다 늦게 잠들기 쉽습니다. 하지만 다음 날의 성공과 아이의 미소를 위해서라도 충분히 자게 하세요.

# 33
# 편식을 해도 너무 신경 쓰지 않기

부모도 똑같이 먹고, 함께 식사 준비를
하고, 무엇보다 즐겁게 식사하세요

## 편식은 살아남기 위한 본능적 행동이다

아이들은 편식을 많이 하지요. 맛이 쓰다거나 이상하다면서 먹기
를 한사코 거부하기도 합니다. 편식하지 않는 건강한 아이로 키우
고 싶은데 말이지요.

아이가 음식을 가릴 때의 판단 기준은 단 한 가지, 먹었을 때의
안전성 여부입니다. 아이는 두 가지 감각으로 먹어도 안전한지 아
닌지 판단합니다.

첫 번째 감각은 '맛'. 맛에는 다섯 종류가 있습니다. 단맛(에너

지의 원천인 당의 맛), 짠맛(몸의 균형을 유지하는 데 필요한 미네랄의 맛), 감칠맛(단백질의 맛), 이 세 가지는 생존에 필요한 것이 들어 있다고 알려진 맛입니다.

반면에 머위나 두릅, 유채 같은 봄철 채소는 쓴맛이 강합니다. 식물이 곤충으로부터 자신을 지키기 위해 내는 맛이에요. 쓴맛 때문에 곤충은 목숨에 위험을 느끼므로 이 채소들을 먹지 않습니다. 다시 말해 쓴맛은 본래 독이 들었다는 신호예요. 그리고 마지막으로 신맛은 상한 음식이라는 신호입니다.

어린아이는 아직 몸이 매우 약하므로 본능적으로 쓴맛이나 신맛에 위험을 느낍니다. 독이 든 것이나 상한 음식을 아무렇지 않게 먹어버리면 살아남지 못하니까요. 성장하면서 여러 가지 맛을 경험하면 곧 다양한 음식을 먹게 됩니다.

어른도 어릴 때 먹지 못하던 음식을 커서는 좋아하게 되기도 하지요. 지금 몇 가지 못 먹는 음식이 있더라도 다른 것을 통해 영양을 충분히 섭취할 수 있으니, 너무 걱정하지 마세요.

안전성의 여부를 판단하는 두 번째 감각은 바로 '쾌감과 불쾌감'입니다. 이것은 뇌의 감정 중추인 편도체라는 곳에서 인식해요. 음식을 맛보면 편도체는 곧장 과거의 기억에 비추어 먹어도 괜찮은 것인지를 판단합니다.

안전하지 않으면 입에 대지 않으니, 애당초 먹어본 적이 없는 음식을 거부하는 건 당연해요. 낯선 음식을 기피하는 '푸드 네오포비아food neophobia'는 만 2세에서 6세까지 절정을 이룹니다.

일반적으로 식사를 할 때 다양한 음식을 제공받는 아이일수록 먹어보지도 않고 기피하는 현상이 덜하다고 해요. 이에 관해서도 여러 가지 실험이 이루어졌습니다. 예를 들면 이유식을 갓 시작한 아이들을 열흘 동안 당근만 먹는 그룹, 감자만 먹는 그룹, 여러 채소를 먹는 그룹으로 나누었을 때 처음 먹는 치킨을 가장 잘 먹은 그룹은 여러 채소를 먹은 그룹의 아이들이었다고 해요.[79]

하지만 그렇게 다양한 식재료로 유아식을 준비하기란 힘든 일이지요. 하지만 쉬운 방법이 있어요. 자신이 믿는 엄마 아빠가 똑같은 음식을 함께 먹으면 아이는 본능적으로 안전하다고 생각하기 쉽습니다.

펜실베이니아주립대학의 린 버치Leann L. Birch 교수팀도 실험을 통해 만 2세에서 5세 사이의 아이들은 친근한 어른이 자신들과 똑같은 음식을 먹으면 새로운 음식을 잘 받아들인다고 보고했습니다.[80]

아이가 먹기 편하도록 부드럽게 삶거나 작게 자른 음식을 어른의 접시에도 똑같이 담으세요. 그러고는 맛있다고 하면서 먹으면 아이도 안심하고 먹을 수 있습니다.

## 조건부로 먹게 하는 것은 좋지 않다

아이는 만드는 과정을 스스로 알게 된 음식도 안전하다고 생각합니다.

　다섯 살인 선우는 깻잎을 싫어했어요. 그런데 올해 어린이집에서 기른 채소가 바로 깻잎이지 뭐예요! 부모님은 선우를 안타깝게 여겼지만, 정작 선우는 자신이 기른 깻잎을 집에 가져오더니 아무렇지 않은 듯 맛있게 먹었습니다. 자신이 직접 키웠기 때문에 뇌에서도 안전하다고 판단했던 것이지요. 지금은 언제 깻잎을 싫어했냐는 듯이 잘 먹습니다.

　직접 재배하는 것 이외에도 가게에서 요리 재료를 스스로 고르거나 직접 자르고 담는 등 아이가 음식 만들기에 참여할 수 있는 방법은 많습니다. 음식을 만들면서 손으로 조금씩 집어먹는 것 정도라면 의외로 아이들은 어떤 음식이든 맛있게 먹어요.
　그리고 깨를 아이에게 직접 갈아보게 하기를 강력히 추천합니다. 네 살인 지우는 청경채와 시금치, 양배추처럼 이파리가 있는 채소를 잘 먹지 못했어요. 하지만 깨를 직접 갈 수 있는 도구를 사주었더니, 뭐든지 직접 간 깨를 뿌려서 맛있게 먹게 되었습니다.

깨만 있으면 입이 저절로 벌어진다고나 할까요.

처음 먹는 음식이 아니라도 과거의 불쾌한 기억과 연결되어 있는 음식은 안전하다고 생각되지 않습니다.

저는 과거에 프렌치토스트를 먹고 속이 불편했던 기억이 있어서 어른이 되어서도 프렌치토스트를 싫어했어요. 무엇보다 식사를 할 때 주위에서 "편식하지 마라", "식사 예절을 지켜라", "빨리 빨리 먹어라"라고 하면 식사 자체가 즐겁지 않습니다. 식사를 할 때마다 뇌가 위험하다는 신호를 보내거든요. 이렇게 되면 음식의 위험성에 점점 더 민감해집니다.

본래 식사는 즐거운 것이에요. 오랜만에 만나는 사람과 여유롭게 이야기를 나누고 싶을 때 "같이 밥 먹을래?", "차 한잔할까?" 하고 묻지요. 인간에게 식사는 단순한 섭식 행위를 넘어서 즐거운 소통의 수단이기도 합니다. 매일 즐겁게 식사를 하면서 여러 이야기를 나누고 긍정적인 체험을 많이 하게 해주면 아이의 뇌가 '식사는 안전하다'는 신호를 보냅니다.

참고로 "○○를 먹으면 텔레비전을 보게 해줄게"라는 식의 조건을 달면 '○○'를 더욱 싫어하게 된다는 사실은 이미 증명되었습니다.[81] 그렇게까지 하면서 먹일 필요는 없어요. 즐겁게 식사한다면 약간의 편식쯤은 신경 쓰지 마세요!

# 34
## 식사시간은 30분 안에 끝내기

재촉하지 않아야
더 잘 먹어요

### 빨리 먹으라고 재촉하면 식욕은 더 떨어진다

아이들은 정말로 밥을 오래 먹어요! 식사 때마다 한 시간은 족히
걸리는 아이도 적지 않지요. 특히 아침에는 많은 집에서 30분 정
도의 식사시간을 예상하고 일어나므로 눈 깜짝할 사이에 시간이
부족해 서두르게 됩니다. 하지만 안심하세요. 식사는 30분 안에
끝내면 됩니다.

배가 부르다고 느낀다고 해서 사실 위가 음식으로 채워졌다는
보장은 없습니다. 예를 들어 수술로 위를 전부 잘라내도 식사를

하면 포만감을 느낍니다. 배가 부르다고 느끼는 것은 혈당치(혈중 포도당의 농도)가 높아지는 것과 관계가 있기 때문이에요.

밥이나 빵에 들어 있는 탄수화물은 수백 개의 포도당이 연결된 것으로, 소화되면 제각각 떨어져 포도당이 됩니다. 이것이 흡수되어 혈액에 들어가므로 음식을 먹고 30분 정도가 지나면 혈당치가 올라가기 시작합니다. 그럼 뇌의 포만 중추가 반응하여 '더 먹지 않아도 돼' 하고 명령을 내려요.

그러니 식사를 시작한 지 30분이 지나면 더 이상 식욕은 생기지 않습니다. 아이는 뇌의 욕구에 매우 민감하므로 먹고 싶지 않다고 생각하면 몸도 따르지 않아요.

눈앞에는 아직 밥이 있고 때로는 부모가 빨리 먹으라고 재촉하기도 하지요. 이런 압박감이 아이의 식사 속도를 더 더디게 만듭니다.

펜실베이니아주립대학의 린 버치 교수팀은 미취학 아동을 두 개의 그룹으로 나누어 수프를 먹게 했습니다. 이때 한 그룹에는 별다른 말 없이 먹게 하고, 다른 그룹에는 아이들이 먹는 동안에 어른이 1분에 네 차례나 빨리 먹으라고 말했습니다.

그러자 (이미 예상하시겠지만) 압박을 받지 않은 그룹의 아이들이 수프를 더 잘 먹었습니다. 반면에 압박감을 느낀 아이들은 먹고 싶지 않다거나, 맛이 없다면서 불평을 쏟아냈지요.

참고로 동시에 진행한 설문조사에서 '평소 식사시간에 압박을 준다'고 답한 부모의 아이들은 실험자의 압박 따위는 완전히 무시하고 수프를 전혀 먹지 않았습니다.[82]

밥을 먹기 시작하고 30분이 지나도 아이가 잘 안 먹는다면 "우아! 많이 먹었구나!" 하고 성취감을 느끼게 하면서 빠르게 끝내세요.

그리고 식사는 30분 안에 먹을 수 있는 양으로 제공하세요.

# 35
# 끼니마다 먹는 양이 다르다고 예민해지지 않기

## 하루에 섭취한 총에너지의
## 양은 거의 비슷해요

**네 살 이전에는 좋아하는 음식만 먹게 해도 된다**

아이가 끼니때마다 식사량이 일정하지 않아 고민한 적 있나요? 먹고 싶다기에 정성껏 만들어줬더니 입에도 대지 않으니 눈물이 앞을 가리는 심정을 잘 압니다. "음식물 쓰레기를 만들려고 땀 흘려 요리한 줄 알아!"라며 소리치고 싶을 때도 있어요.

같은 식사시간에도 맛있게 잘 먹는 음식이 있고, 전혀 안 먹는 음식이 있습니다. 좋아할 것 같아 만들어준 요리에 전혀 손을 안 대기도 해요. 아이들은 어째서 먹는 양이 일정하지 않을까요?

식욕에는 배가 고플 때 '에너지가 필요해' 하고 느끼는 것과 '맛있는 것을 배불리 먹고 싶어'라는 것이 있습니다. 맛있는 것을 보거나 먹었을 때, 뇌에서 베타엔도르핀이라는 호르몬이 분비되어 매우 행복해지면서 먹고 싶은 욕구가 멈추지 않습니다.

이럴 때 '좋아하는 것만 먹지 말고 다른 것도 먹어야지' 하고 생각하려면 억제기능이 작용해야 하는데, 억제기능은 1차 반항기가 끝나는 만 4세 무렵부터 발달하기 시작해요. 그러니 네 살이 안 된 아이는 맛있다고 생각하는 것만 계속 먹다가 배가 불러서 다른 것은 못 먹습니다.

또 점심을 많이 먹은 날은 저녁을 조금밖에 안 먹기도 하지요. 그런데 신기하게도 끼니때마다 일정한 양을 먹지 않아도 24시간을 주기로 보면 거의 같은 양을 먹고 있어요.

펜실베이니아주립대학의 린 버치 교수팀은 만 2세부터 5세 사이의 아이들을 대상으로 6일 동안 섭취한 식사량을 조사했습니다. 그러자 잘 먹을 때도 있고 안 먹을 때도 있었지만, 결국 하루에 섭취한 총에너지양을 살펴보면 그 차이가 평균 10퍼센트 정도였어요. 그리고 한 아이가 저녁식사 때 150킬로칼로리를 먹은 날도 있고 450킬로칼로리를 먹은 날도 있었지만, 하루에 섭취한 총에너지양으로 비교해보면 2.5퍼센트밖에 차이가 나지 않았다고 합니다.[83]

그러니 오늘 아침을 많이 먹었다고 해서 내일 아침 식사의 양을 늘리면 결국 남길 수 있어요.

## 음식을 냉동해서 활용하면 식사 준비가 편하다

아이들은 식사를 할 때 참으로 변덕스럽습니다. 그런데 끼니때마다 번번이 식사를 준비하려면 상당한 인내력이 필요하지요. 저는 제 아들이 먹는 양이 일정하지 않았던 시기에 냉동음식을 많이 활용했습니다.

냉동을 하면 맛이 없어진다거나 영양이 줄어든다는 생각을 갖고 있을지도 모르겠네요. 페트병에 든 물을 얼려보면 알 수 있듯이, 물이 얼음이 되면 팽창합니다. 그러니 육류나 어류의 세포 내의 수분이 얼어서 세포가 찢어지고, 해동을 하면 거기서 감칠맛이 흘러나와 맛이 떨어지는 것입니다. 하지만 꽁치를 굽기 전에 소금을 뿌려두면 살에 탄력이 생기듯이 간장이나 술, 맛술 등의 조미료는 육류와 어류의 세포 내 수분을 빨아내줘요. 그러니 밑간을 해서 냉동하면 맛이 잘 유지됩니다.

또 채소를 시들게 하는 원인인 채소의 효소는 냉동실에서도 활동하므로 그냥 냉동하면 점차 시들어버립니다. 하지만 냉동하기 전에 전자레인지로 살짝 데쳐 냉동하면 효소의 작용이 일어나지 않아 맛은 그대로예요.

그래서 저는 주말이면 일주일 치의 저녁식사 재료를 준비했습니다. 준비라고 해봐야 한 번에 먹을 정도의 육류와 어류에 밑간을 해서 냉동 팩에 담고 공기를 뺀 다음 냉동실에 넣기만 하면 끝이에요. 냉동된 상태로 끓는 물에 넣어서 간을 하면 국이 완성됩니다.

한꺼번에 냉동하려면 조금 수고스럽지만, 매일 저녁에 음식을 모두 새로 준비하는 것에 비하면 훨씬 편한 방법이에요.

# 36
## 영상을 보면서 먹는 것을 막는 간단한 방법

부모가 좋아하는 라디오
프로그램을 틀어놓으세요

**영상을 보면서 밥을 먹으면 영양도 편중되고, 먹는 힘도 약해진다**

2013년에 베네세 코퍼레이션이 실시한 조사에서는 일본에서 초
등학생을 둔 가정의 약 75퍼센트가 저녁을 먹을 때 매일 또는 가
끔이라도 텔레비전을 켜둔다고 답했습니다. 그리고 많은 가정에
서 "텔레비전만 보지 말고 밥 좀 먹어라"라는 잔소리가 늘어났다
고 해요.

인간은 동시에 두 가지 일에 집중하기 어렵습니다. 미시간대학
의 데이비드 메이어David E. Meyer 교수는 "두 가지 일을 동시에 하

려고 하면, 집중을 전환하는 데 주의를 낭비하게 되어 어느 쪽도 잘 되지 않는다"라고 했습니다.[84]

반면에 숙달되어 일상이 되면 두 가지 일을 동시에 하는 것도 가능해집니다. 예를 들어 초보 운전자는 운전을 할 때 옆에서 말을 걸면 얼어버리지만, 운전이 능숙해지면 대화하면서도 자연스럽게 드라이브를 할 수 있습니다. 그래도 길이 복잡하여 집중력이 필요할 때는 조용히 해달라고 부탁하기도 하지요.

어른은 텔레비전을 보면서 식사를 할 수 있습니다. 식사가 일상화되어 있기 때문이지요. 하지만 식사 초보자인 아이들은 텔레비전을 보면서 밥을 먹지 못합니다. 텔레비전을 켜둔 채로 식사를 하면 시선이 텔레비전을 향하고 숟가락을 든 손은 동작을 멈추지요.

세인트메리대학의 로리 프랜시스Lori A. Francis 연구팀의 실험에 따르면 만 3세에서 5세 사이의 아이들에게 점심식사를 할 때 텔레비전을 보여주면 점심시간의 93퍼센트는 시선이 텔레비전에 고정되고, 먹는 양도 텔레비전을 보지 않는 아이들의 절반 정도에 불과했습니다.[85] 텔레비전만 보지 말고 밥을 먹으라고 해도 아이들은 그렇게 할 수 없어요. 인터넷 동영상 역시 마찬가지입니다.

참고로 식사 초보자인 아이라도 식사 중에 대화는 할 수 있어요. 앞서 소개한 거울뉴런 덕분입니다. 눈앞에서 부모가 대화를 하면서도 밥을 먹는 것을 보고 있으니, 무의식적으로 모방하여 식사를 하는 것이지요.

게다가 식사 중에 텔레비전을 보는 아이는 고칼로리 식품을 즐기고 채소와 과일을 덜 먹는다는 조사 결과도 있습니다.[66] 먹는 속도가 느리므로 본인이 좋아하는 튀김이나 햄버거를 먹는 동안에 뇌가 포만감을 느끼게 되고, 결국 채소는 먹지 못합니다.

또 텔레비전을 보면서 식사를 하면 한입에 많은 음식을 넣어 충분히 씹지 않은 채 삼키는 경향도 보입니다. 유아기에 길러야 할 '먹는 힘'이 자라지 못하죠.

## 조용한 식사시간이 싫다면 라디오를 활용한다

하지만 식사시간에 텔레비전을 꺼버리면 침묵이 흐르기 십상이지요. 아직 말이 서툰 아이와 대화의 꽃을 피우기도 쉬운 일은 아닙니다.

그렇다고 꼭 대화를 해야 한다는 압박감을 느끼지는 마세요. 식사를 하는 아이는 도로를 달리는 초보 운전자와 같아요. 브로콜리를 손으로 집어 먹는 일에도, 당근을 포크로 집는 일에도, 꽁치를 젓가락으로 먹는 일에도 집중해서 온 힘을 다하는 중이니 무리해서 말을 걸지 않아도 됩니다. 점점 혼자 먹는 것이 능숙해지면 자연스레 대화를 즐길 수 있으니 느긋하게 기다리세요.

물론 조용한 식사시간이 지루할 수도 있어요. 또 식사를 하며 뉴스를 보는 습관이 몸에 밴 부모도 있지요.

세 살인 지연이 아빠도 그랬어요. 하지만 최근에는 밥을 먹을 때 텔레비전을 켜면 지연이가 만화를 보고 싶다고 떼를 씁니다. 그래서 활용하기 시작한 것이 바로 라디오예요.

스마트폰에 라디오 애플리케이션을 깔아두면 뉴스, 어학, 음악, 버라이어티, 육아 정보에 이르기까지 다양한 정보를 터치 한 번으로 즐길 수 있어요. 귀를 통한 자극만 있으니 정보량도 적당하고 장점이 많지요.

다만 식사시간에 라디오를 듣는다면 주의할 사항이 있습니다. 우선 아이가 좋아하는 동요 등을 들려주면 결국 식사를 제대로 하지 않으므로 어른들이 듣는 프로그램을 틀어주세요.

다음으로 주의할 점은 부모가 라디오에 너무 열중하지 않는 것입니다. 라디오를 틀어놓더라도 아이와의 대화가 더 중요하다는 사실을 잊지 마세요.

마지막으로 배경음악이 학습 효율을 떨어뜨린다는 연구 결과도 있으니,[87] 라디오를 너무 오래 틀어놓는 것은 좋지 않습니다.

# 37
## 젓가락 사용을 서두르지 않기

### '손으로 집어 먹기 → 숟가락과 포크 → 젓가락' 순으로 진행하세요

**손으로 집어 먹으며 치아를 사용하는 법을 익힌다**

동양인에게 젓가락은 자랑할 만한 문화 중 하나이지요. 콩을 집고, 밥을 뜨고, 계란말이를 자르며, 김에 밥을 싸기도 합니다. 그냥 보기에는 두 개의 막대기일 뿐인데 먹기 위한 도구로 이만한 것은 찾기 힘들다는 생각이 들어요. 이런 젓가락을 능숙하게 사용하게 하려면 오히려 젓가락 사용을 서두르지 않는 것이 좋아요.

수를 셀 수 있으려면 연습이 필요한 것처럼 '음식을 먹는 행위'에도 연습이 필요합니다. 그리고 사실 젓가락질보다도 훨씬 어려운 것이 있어요. 바로 앞니로 음식물을 끊고 어금니로 씹어 먹는 일이지요. 요즘에는 이것을 못하는 아이들이 늘어나고 있다고 해요.[88]

어른은 포크커틀릿을 먹을 때 적당한 크기로 자른 덩어리를 입에 넣으면 자동으로 앞니가 씹어 삼킬 수 있는 크기로 자릅니다. 이렇게 앞니로 끊어 먹는 능력은 음식을 손으로 집어 먹는 시기를 거치면서 길러집니다.

도구를 사용하는 경우, 어릴 때는 음식을 미리 한입 크기로 잘라주는 일이 많으므로 앞니로 끊어 먹는 능력이 잘 자라지 못해요. 앞니를 잘 사용하지 못하면 음식을 입안에 머금고 있거나, 통째로 삼켰다가 도로 뱉어내기도 하지요.

손으로 집어 먹는 것은 만 1세부터 2세까지가 민감기예요. 젓가락이나 숟가락을 사용하라고 재촉할 필요가 전혀 없습니다. 앞니로 씹는 연습을 할 수 있는 절호의 시기니까요. 처음에는 입에 너무 많이 넣어서 뱉어내거나, 음식으로 장난을 칠 수도 있습니다. 그래도 참으세요! 아이들은 무엇이든 놀이를 통해 배우는 법이거든요.

손으로 집어 먹기 시작했다면 아이가 손으로 들고 먹을 수 있도록 부드럽게 삶은 채소 스틱이나 과일, 빵 등을 준비해주면 어떨까요? 스스로 먹고 싶다는 욕구를 채워주세요.

## 숟가락과 포크를 사용하다 보면 젓가락 사용의 비결도 익힌다

아이가 앞니로 잘 씹지 못하는 이유 중 하나가 바로 음식이 너무 딱딱하기 때문입니다. 어른의 치아는 총 30개가 넘지만, 아이의 치아는 한 살에는 16개, 세 살까지 가장 안쪽의 큰 어금니가 나서 유치가 완성되지만 그래도 20개밖에 안 됩니다.

씹는 힘은 3세에 어른의 5분의 1, 6세에 3분의 1 정도라고 해요.[89] 세 살짜리 아이가 편하게 씹으려면 어른이 엄지와 약지로 꾹 눌러서 으깨지는 정도가 적당합니다.

참고로 씹기 힘들 때 눈앞에 차나 물이 있으면 일단 입에 든 음식과 함께 삼켜버리니, 씹지 않고 먹는 것을 알아차리지 못하기도 해요. 본래 차는 식후에 마시는 것입니다. 식사를 할 때는 음료를 내놓지 마세요.

앞니로 끊고 어금니로 씹는 데 능숙해지면 숟가락과 포크를 사용해 자신의 감각에 맞춰 찌르고 자르고 떠보게 하세요.

수저를 쥐는 법에는 순서가 있어요. 처음에는 쇠막대기를 잡는 것처럼 쥐다가(팜그립), 손가락을 대고 손목을 움직이고(핑거그립), 점차 연필을 잡는 법(펜그립)으로 바뀌어갑니다. 이 과정을 거치면서 젓가락을 쥐는 데 필요한 손가락이나 손목 사용법을 익히지요.

그러니 도구를 사용하는 순서가 정말로 중요합니다. 젓가락은 숟가락과 포크를 펜처럼 쥐고 자유자재로 먹을 수 있게 되면 사용하게 하세요. 서두를 필요는 없습니다. 아이와 함께 느긋하게 식사시간을 즐기세요.

# 38
## 텔레비전과 스마트폰 동영상 현명하게 활용하기

적당히 쉬고, 적당히 학습하는
최적의 수단이 될 수 있어요

**어른이 함께 즐기면 아이는 영상으로 학습한다**

예를 들어 형이나 오빠의 학원 수업 또는 중요한 미팅에 어린 동생을 데리고 가야만 할 때, 왠지 모르게 피곤해서 조금 쉬고 싶을 때, 텔레비전이나 스마트폰의 동영상 등을 아이에게 보여주면 부모는 휴식을 취할 수 있습니다. 특히 요즘은 스마트폰을 보여주지 않겠다고 고집하면 조금 힘들지도 몰라요.

그런데 아이에게 동영상을 보여줘도 될지, 된다면 얼마나 보여줘도 되는지에 대해서는 궁금증을 가진 분들이 많아요. 유아기에 전자기기를 얼마나 봐도 되는지 알아봅시다.

일본은 전자기기의 사용 면에서 미국소아과학회가 발표한 지침의 영향을 많이 받습니다. 미국소아과학회는 이전까지 이것도 저것도 안 된다며 강력하게 금지했기 때문에, 일본에서도 '전자기기는 아이들에게 해롭다'는 인식이 널리 퍼져 있어요.

하지만 최근에 연구기술의 진보로 아이의 전자기기 사용에는 단점뿐만 아니라 장점도 있다는 사실이 밝혀졌고, 미국소아과학회는 2016년에 커다란 방침 전환을 발표했습니다.

먼저 전자기기의 장점에 대한 연구결과를 소개할게요. 아동용 교육 DVD나 애플리케이션은 문자나 언어, 수학을 재미있게 학습할 수 있어서 매우 편리합니다. 물론 18개월 이전의 아이들에게는 그다지 학습 효과를 기대할 수 없습니다.[90] 하지만 18개월 이후라면 어른과 함께 즐겁게 시청하면서 학습 효율을 높일 수 있다고 해요.

22~24개월짜리 아이의 DVD를 통한 언어 학습 효과를 알아본 실험에서 어른의 도움 없이 DVD를 보았을 때는 이후의 테스트에서 62퍼센트밖에 정답을 맞히지 못했지만, 어른과 함께 재미있게 보았더니 무려 93퍼센트나 정답을 맞혔다고 합니다.[91] 이처럼 어른의 도움을 받아 학습 효율이 높아지는 경향은 어느 연구에서든 일관적으로 나타나며, 연령이 더 높은 경우에도 마찬가지였

습니다.[92]

다시 말해 스마트폰의 애플리케이션을 켜주고 혼자 마음껏 보게 해서는 효과를 기대할 수 없지만, 부모가 함께 즐기는 경우라면 18개월 이후의 아이들에게는 학습 효과가 있다는 말입니다. 아이와 함께 텔레비전을 볼 때는 가만히 앉아서 보지 말고, 텔레비전 프로그램의 출연자가 된 것처럼 말하고 노래하며 또 텔레비전과도 대화하며 재미있는 시간을 보내는 것이 좋겠습니다.

### 18개월 이후에는 하루 한 시간까지 시청해도 괜찮다

이어서 전자기기의 단점에 대한 연구 결과를 소개합니다. 미국에서는 텔레비전을 오래 보는 아이일수록 비만이 되기 쉽다는 데이터가 많아요.[93] 여기에는 고칼로리의 과자 광고를 보면 먹고 싶고, 결국 과자를 한 손에 든 채로 가만히 앉아서 텔레비전을 보는 악순환도 한몫한다고 보입니다.

동양에서는 비만이 미국만큼 문제가 되지 않지만, 장난감 광고를 보고는 사달라고 떼를 쓰기도 하지요. 그러니 광고는 즉시 건너뛰는 것이 가장 좋아요.

또 밤늦게 전자기기를 보면 생물시계가 망가진다는 이야기나 식사 중에 보면 제대로 식사를 하지 못한다는 것은 이미 말씀드린

바와 같아요. 그 밖에도 텔레비전을 오래 보는 아이는 어휘력이 낮다거나 사회성이 약하고 감정적이라는 보고도 있는데, 이것들은 부모와의 커뮤니케이션 부족도 영향을 주는 듯합니다.[94]

마찬가지로 부모가 텔레비전이나 스마트폰에 오래 빠져 있는 것도 아이에게 스트레스가 됩니다. 부모의 전자기기 사용법을 훗날 아이들이 그대로 따라 한다고 하지요.[95] 아이가 나중에 스마트폰만 들여다보고 묻는 말에 제대로 대답도 하지 않는다면 얼마나 서글픈 일인가요. 아이가 스마트폰을 올바로 사용하기를 바란다면 지금부터 부모가 본보기를 보여주세요.

그 밖에도 여러 연구 결과를 바탕으로 미국소아과학회가 발표한 주요 방침을 소개합니다.

- 1세 미만의 아이에게는 영상통화 이외의 전자기기 사용은 자제할 것
- 18~24개월의 아이에게는 양질의 프로그램을 부모가 선정하여 함께 시청할 것
- 2~5세의 아이도 시청 시간은 최대 하루 1시간을 넘기지 말고, 부모가 내용을 파악할 것
- 식사할 때, 운전할 때, 자기 직전에는 전자기기 사용을 자제할 것
- 아이가 자신의 스마트폰을 갖기 전에 부모가 사용법에 대한 본보기를 보일 것

2세 이후에는 어른의 편의나 휴식을 위해 텔레비전이나 스마트폰의 동영상을 사용하더라도 최대 한 시간이라는 규칙은 지키면 좋겠습니다.

　다만 비디오게임은 뇌에서 도파민을 과도하게 분비시키므로,[96] 유아의 경우 게임에 빠지기 쉽습니다. 초등학생이 될 때까지 비디오게임은 되도록 멀리하도록 해주세요.

# 39
## 머리가 좋아지는 놀이는 따로 없다

놀면서 온 힘을 발휘하는 경험을 하고
자신의 능력을 더 높이고자 도전해요

### 놀이란 본래 스스로 선택하여 몰두하는 것이다

추상적 사고력이나 공간 인지 능력, 운동 능력 등 여러 가지 능력
이 놀이를 통해 길러진다는 이야기를 들으면 아이가 되도록 수준
높은 놀이를 하면 좋겠다는 생각이 들지요. 소근육을 키우는 데
좋은 장난감을 가지고 놀기를 바라거나, 하루에 한 번은 블록을
가지고 노는 시간을 만들고 싶다거나, 퍼즐을 즐겼으면 하는 마음
이 듭니다.

당연히 아이가 하고 싶은 놀이와 부모가 바라는 놀이가 다를

수 있어요. 이때 부모가 원하는 것을 너무 강력하게 표출하면 아이는 민감하게 알아차립니다. 그러면 점점 자신이 하고 싶은 놀이가 아니라 부모가 원하는 놀이를 하게 되고 "자, 이제 뭘 하며 놀면 되나요?" 하고 묻는 일도 생깁니다.

부모가 놀이의 종류에 집착하면 아이가 '스스로 결정하는' 힘을 꺾는 셈입니다.

놀이란 무엇인가요? 사람은 어떨 때 놀까요? '노는 사람', '반쯤 노는 식으로' 등의 '논다'라는 말이 들어가는 상황을 보면 부정적인 이미지가 있는 듯합니다. 놀지만 말고 일하자는 이야기도 하는데 '일'이란 해야만 하는 것이지요. 반대로 '놀이'는 하지 않아도 되는 것을 말합니다. 하지 않아도 되는데, 꼭 하고 싶은 마음이 솟구쳤을 때 노는 것입니다. 그런 마음으로 시작하기 때문에 진정으로 몰두할 수 있지요.

아이에게 놀이란 스스로 결정해서 그것에 몰두하기 위한 훈련이에요. 놀면 놀수록 온 힘을 발휘하는 경험을 하고, 자신의 능력을 더 높이고자 도전하게 되지요.

물론 아직 훈련이 부족한 상태에서는 오래 몰두하지 못할지도 몰라요. 그래도 스스로 정해서 노는 경험을 여러 번 반복하다 보면 점차 몰입할 수 있습니다. 누군가가 정해주는 한 그것은 진정한 놀이가 될 수 없어요.

라쿠텐주식회사의 창업자인 미키타니 히로시三木谷浩史는 "인간은 노는 동물이다. 인간은 놀 때 가장 창조력을 잘 발휘하는 동물이다. 일을 인생 최대의 놀이로 삼을 수 있다면 누구나 유명한 비즈니스맨이 될 수 있다"라고 했습니다. 놀 때야말로 온 힘을 발휘하고 계속 도전할 수 있다는 뜻입니다.

## 아이가 열중하는 모습을 지켜보기만 하면 된다

히로시마대학 대학원의 유아교육학자인 나카쓰보 후미노리中坪史典 교수는 "놀이가 아이의 배움이나 발달을 위한 도구가 되어버리면, 자칫 우리는 자신도 모르는 사이에 아이의 주체성의 싹을 꺾어버릴지도 모른다"라고 했습니다.

생후 8개월이 지나면 아이는 자신이 하고 싶은 것을 하며 노는 것이 제일입니다. 그러다 보면 더 하고 싶은 마음이 끓어오르고 오래 집중할 수 있게 되지요. 부모는 함께 놀아주거나, 아이가 혼자 열중하기 시작하면 참견하지 말고 옆에서 자신의 일을 하면 됩니다.

그렇다면 그전에 사놓은 두뇌와 소근육 등을 발달시키는 장난감은 어떻게 하면 될까요? 일단 부모가 그것을 가지고 노세요. 아이들 장난감을 가지고 놀면 의외로 재미있습니다.

그러다 보면 어느새 아이도 흥미가 생겨 자신도 해보고 싶다며 다가옵니다. 슈타이너교육을 만든 루돌프 슈타이너Rudolf Steiner는 "0세부터 7세까지의 아이는 모방충동으로 산다"라고 했어요.

네 살이 되는 진호의 아빠는 자녀교육에 무척이나 공을 들입니다. 그러다 보니 도가 지나쳤는지 진호는 요즘 아빠가 권하는 장난감에 흥미를 갖지 않게 되었어요. 오늘도 인형을 쌓는 장난감을 가지고 놀자고 권해보았지만 역시 무시하네요. 어쩔 수 없이 아빠가 가지고 놀았는데, 균형 잡기가 어른이 하기에도 어려워서 마지막까지 쌓지는 못했습니다.

이때 진호가 다가왔지만 아빠가 놀이에 열중해 계속 혼자 장난감을 독점하고 있었어요. 급기야 진호가 자기도 하고 싶다며 울음을 터뜨렸습니다. 어른스럽지 못한 아빠의 모습이었지만 이것이 진호의 놀고 싶은 욕구에 불을 지피는 결과를 가져왔지요. 이날 이후로 진호는 쌓기 놀이에 푹 빠졌다고 해요.

# 40
## 자기중심적이라도 염려하지 않기

## 아이들은 다투면서
## 분쟁에 대응하는 힘을 키워요

**아이들끼리의 작은 다툼은 훌륭한 사회생활 훈련**

아이가 친구들과 놀다 보면 여러 가지 분쟁이 발생합니다. 부모는
자녀가 자기중심적인 태도로 장난감을 독점하고 있으면 "친구한
테도 빌려주자!" 하고 장난감을 나눠주자고 하지요.

하지만 부모가 자꾸 이것저것 간섭을 하면 나중에 "나는 뭘 좋
아하는지 모르겠어"라고 말하는 어른으로 자랄지 모릅니다.

일본의 문부과학성이 발표한 '2030년의 사회와 아이들의 미
래'에서는 "2011년도에 미국의 초등학교에 입학한 아이들의 65

퍼센트는 대학을 졸업할 때 지금은 존재하지 않는 직업을 갖게 될 것"이라는 뉴욕시립대학 대학원센터의 캐시 데이비슨Cathy Davidson 교수의 말을 인용했습니다. 다시 말해 AI에게 일자리를 빼앗기는 만큼 새로운 직업이 탄생한다는 이야기예요. 그 이외의 일자리들 역시 지금과는 작업 내용이 많이 달라지겠지요.

최근 들어 'AI시대에 살아남는 일'에 관한 이야기를 자주 합니다. 가령 17~18세기에 1차 산업혁명이 일어나자 그 이전에 대부분의 사람들이 종사하던 농업이 급속히 쇠퇴했습니다. 그리고 예상치 못했고 본 적도 없는 대규모 공장이 생겨나 제조업 중심의 일자리가 어마어마한 규모로 늘어났습니다. 4차 산업혁명 시대에 접어든 지금도 예전에 없던 직업들(1인 크리에이터 등)이 생겨나고 있지요. 마찬가지로 앞으로는 기성세대는 상상도 하지 못한 수많은 직업들이 생겨날 것입니다. 그러니 자신이 어떤 일을 할지는 미래에 아이가 스스로 결정할 수밖에 없어요.

하지만 자신에게 맞는 일을 찾아내기란 어느 시대를 막론하고 쉬운 일이 아니지요. 운에 맡기면 되지 않을까 생각할지도 모르겠네요. 모든 일을 다 경험해보고 자신에게 가장 잘 맞는 직업을 고를 수는 없으니까요.

그래서 실제로는 자신의 능력과 취미에 맞을 것 같은 일을 찾아서, 일단 시작해보고 여러 경험을 하는 과정에서 즐거움을 찾게 됩니다. 이렇게 안 하면 결국 전혀 즐겁지 않은 일에 하루 중 대부분의 시간을 쏟아부어야 하거나, 아직 발견하지도 못한 '자신이 좋아하게 될 일'을 찾아 일자리를 전전하기도 하지요.

사람은 본래 놀이를 통해 친구들과 실컷 부대끼면서 자라나 어른을 도와 일하는 것이 보통이었습니다. 유아기의 분쟁이야말로 훌륭한 직업훈련인 셈이지요. 친구들과의 놀이 과정에서 단련되는, 모두가 하고 싶은 일에 공감하고 그 속에서 자신도 재미를 찾아 움직이는 힘은 그야말로 일에서 중요한 기술입니다.

일본의 데이코쿠데이터뱅크가 2017년에 실시한 '인재 확보에 관한 기업의 의식조사'에 따르면, 기업이 추구하는 인재상의 1위는 '의욕적인 인재', 2위는 '커뮤니케이션 능력이 뛰어난 인재'였어요. 지금은 대학 진학률도 높고 모두들 사회에 나갈 때까지 열심히 공부해서 다양한 기술을 익히게 되었지만, 결국 가장 필요한 능력은 유아기의 놀이를 통해 길러진다는 것을 알 수 있습니다.

그런데 어른이 나서서 아이들의 다툼을 바로 제지해버리면 아이는 시간이 지나도 분쟁에 대응하는 힘이 자라지 않아요. 그 결과 커서도 부모가 계속 중재를 해야만 하는 악순환에 빠집니다.


걸핏하면 친구들과 다투는 유치원생 지아(4세)의 이야기를 해볼게요. 어느 날 지아와 서현, 미래가 모래놀이터에서 떡 만들기 놀이를 하고 있었는데, 지아가 서현이가 사용하던 모양틀을 빼앗으면서 다툼이 벌어졌습니다.

지아  이거 지아 거야!

서현  서현이 거야!

지아  아니야! 지아 거야! 그러니까 다른 사람은 쓰면 안 돼!

미래  너희 진짜! 다 같이 쓰면 되잖아!

서현  맞아. 다 같이 써야지! (지아에게서 모양틀을 빼앗는다.)

지아  (뾰로통한 얼굴로 아무 말 없이 흙을 주무른다.)


셋 이상의 아이가 함께 놀 때면 자기중심적인 행동에 대해 미래처럼 다른 아이가 개입할 수 있어요. 자기중심적인 아이는 객관적인 입장에 선 아이의 개입을 통해 성장한다고 알려져 있습니다.[97]

지아와 마찬가지로 아이들은 대개 모양틀을 건네주게 되어서 싫으면 그 자리를 뜰 수도 있는데 그냥 머무릅니다. 모양틀로 노는 것을 포기하더라도 다 같이 놀기를 스스로 선택하는 것이지요. 이것이 바로 모두가 하고 싶은 일에 공감하고, 그 속에서 자신도 즐기는 방법을 찾는 첫걸음입니다.

## 아이의 나이에 따라 부모가 해야 할 행동도 달라진다

하지만 아이들의 분쟁에 참견하지 말라고 해도, 자녀의 자기중심적인 태도를 보며 다른 부모들의 시선을 의식하지 않기란 불가능에 가깝지요. 누구든 상대 부모가 제 자식의 장난감을 빼앗아가는 아이의 모습을 웃으며 보고만 있다면 가만히 있기 힘들 거예요.

아이가 친구의 장난감을 빼앗았을 때 어떻게 하면 좋을까요?

우선 아이가 18개월 미만이라면 주저하지 말고 개입하세요. 이무렵의 아이는 장난감을 빼앗긴 친구의 슬픈 마음을 헤아리기 어려우므로, 아이들에게만 맡겨두면 계속 뺏고 빼앗기기만 합니다. 그래도 악의는 없으니 야단을 쳐봐야 소용이 없어요. 부드러운 말로 친구에게 돌려주자고 설명하며 친구에게 건네주고, 아이에게는 다른 장난감을 쥐여주세요.

18개월이 지나면 아이는 해서는 안 될 일을 제대로 이해하고, 친구의 마음에도 공감할 수 있습니다. 그러니 이 시기에는 부모가 상대방의 마음을 말로 잘 알려주어야 합니다. 앞에서 말씀드렸듯이, 친구의 장난감을 빼앗아버린 아이에게는 "너도 장난감을 갖고 놀고 싶었구나" 하고 먼저 공감을 해주어 안심시킨 다음, 친구도 가지고 놀고 싶을 테니 돌려주자고 설명하면 됩니다.

하지만 끝도 없이 야단을 치거나 급기야 "사과하지 않으면 선생님한테 혼난다"라는 식의 협박은 절대 하면 안 돼요. 세 살짜리 아이는 혼나지 않기 위해 사과를 한다고 합니다. 형식적인 사과보다도 공감하는 마음이 중요하지요. 다툼이 몇 번씩 되풀이된다면 다른 놀이로 유도해보세요.

만 4세쯤 되면 드디어 그런 다툼을 통해 배우는 시기가 옵니다. 함께 노는 아이의 부모가 "아이들끼리 옥신각신하는 것쯤은 내버려두자"라며 이해해주는 경우라면, 부모는 아이들의 다툼에 참견하지 말고 지켜보기 바랍니다. 원만한 해결이 목적이 아니므로 서로 삐치더라도 괜찮아요.

그런데 가령 문화센터에서 안 지 얼마 안 되는 부모와 자녀의 경우, 혹시나 다툼을 내버려두면 불쾌해할지도 모릅니다. 만약 일 대일의 다툼이라면 위험을 감수할 만큼 아이가 배울 수 있는 것도 아니니 재빠르게 개입하는 게 좋습니다.

반면에 몇 명이서 함께 노는데 아이가 누군가의 장난감을 빼앗는다면, 잠시 기다려주세요. 다른 친구가 중재에 나설지도 모르거든요. 이때는 친구의 말을 통해 아이가 크게 성장할 수 있는 기회입니다. 모두 제 편을 들지 않는 상황이라도 지켜봐주세요. 주위의 부모들에게는 "저희 애가 자기중심적인 면이 있어서 죄송합니다" 하고 양해를 구해두고요. 그리고 집에 돌아가면 아이를 꼭 안으며 위로해주세요. 이런 경험을 반복하면 아이는 달라집니다.

# 41
## 놀기만 하는 어린이집/유치원일수록 좋다

바깥에서 자유로이 놀게 할수록
공부머리와 운동신경이 함께 발달해요

### 공부와 운동을 다 잘하는 아이가 드물지 않은 이유

바깥놀이에 힘을 쏟는 유치원과 숫자나 문자 등의 학습에 중점을
두는 유치원 중 어디에 보내면 좋을지 상담을 청해오는 분들이 있
어요. 저는 망설임 없이 "꼭 바깥놀이를 많이 하는 곳으로 보내세
요!"라고 대답합니다. 유아기에 바깥놀이를 많이 하면 머리가 좋
아지거든요.

예를 들어 〈도라에몽〉에 나오는 똘똘이(박영민)처럼 공부도
운동도 잘하는 아이는 만화 속에서는 드문 캐릭터로 그려지는 일

이 많지요. 하지만 자신의 어린 시절을 떠올려보세요. 제가 초등학교에 다닐 때 친구들 중에는 공부와 운동 모두에 뛰어난 아이들이 꽤 많았어요. 운동과 공부를 다 잘하는 아이는 그리 드물지 않습니다.

왠지 공부와 운동은 정반대의 재능같이 여겨지는 탓에 둘 다 아주 잘한다니 이상하게 생각될지도 모릅니다. 하지만 최근의 연구를 통해 그것이 전혀 이상한 일이 아님이 밝혀졌어요.

우리 뇌의 시냅스 수는 태어나자마자 폭발적으로 늘어나는데, 사고력이 자랄 때 중요한 시냅스가 강화되고 불필요한 시냅스를 줄이는 '시냅스의 가지치기'가 이루어집니다. 이때 사고력을 담당하는 뇌 부위(전두엽)의 백질이 많아진다고 알려져 있습니다. 백질은 두뇌 조직 사이를 연결하는 신경섬유로 양이 많을수록 연결성이 좋아져서 정보 전달 능력이 강화됩니다.

일리노이대학의 로라 차도크헤이먼Laura Chaddock-Heyman 박사팀이 러닝머신으로 지구력을 측정한 결과 지구력이 좋은 아이일수록 계산 능력이 뛰어나고, 백질의 양이 많았어요.[98] 또 지구력은 기억력이나 기억을 하기 위한 뇌 부위인 해마의 용량과도 깊은 연관이 있다고 알려져 있습니다.[99] 지구력이 발달한 아이는 뇌도 발달한 것이지요.

이처럼 지구력을 비롯한 운동 능력이 좋을수록 사고력이 뛰어나다는 것은 인간뿐만 아니라 생쥐 등의 동물실험에서도 이미 밝혀진 사실입니다. 인간은 사고력이 발달했기 때문에 의자에 앉아서도 사고할 수 있지만, 원래 동물은 먹이를 찾거나 적을 피하는 등 움직이고 있을 때 더 많이 생각했어요.

뇌에서 새로운 신경세포를 낳고 성장시키며 사멸하는 것을 막아주는 영양물질은 자주 움직일수록 많이 나온다는 운동과 뇌의 메커니즘도 밝혀졌습니다.[100] 운동 능력과 지능의 관계는 애초에 동물의 유전자에 들어 있는 것입니다. 따라서 운동을 많이 하면 뇌의 기능이 향상됩니다.

### 문자나 숫자를 익히는 시간은 하루에 10분이면 충분하다

당연히 많이 움직이는 아이일수록 운동 능력이 높아집니다. 도쿄가쿠게대학의 스기하라 다카시杉原隆 교수는 유치원의 담임선생님들에게 아이들이 몸을 교차하거나, 물건을 잡거나, 모래나 땅을 파는 등 35종류의 운동 유형을 얼마나 자주 하는지 묻고 아이들을 대상으로 운동 능력을 테스트했습니다. 그러자 아이들 약 8천 명의 데이터에서 여러 유형의 운동을 하고 그 빈도가 높을수록 운동 능력이 높다는 결과가 나왔습니다.[101] 운동 경험과 운동 발달이 직접적으로 연결된다는 말입니다.

또 유치원에서 운동 기술을 지도하는 경우와 하지 않는 경우도 비교해보았어요. 운동 기술을 지도하는 유치원은 정렬, 준비운동, 설명, 차례 기다리기 등에 많은 시간을 할애하고 실제로 몸을 마음껏 움직이는 시간은 거의 없었어요. 특별히 지도를 하지 않는 유치원은 그렇지 않았지요. 둘을 비교하자 지도하지 않고 자유롭게 둔 유치원 아이들의 운동 능력이 훨씬 높다는 연구 결과가 나왔습니다.[102]

그리고 일본 문부과학성이 실시한 '2017년도 체력 및 운동 능력 조사 결과'에 따르면 초등학교 입학 전에 바깥놀이를 하는 날이 많을수록 열 살이 되었을 때 체력 테스트 점수가 높았습니다.

유아기에 바깥놀이를 많이 하면 운동 능력이 높아지고 초등학생이 된 뒤에도 운동을 잘합니다. 그리고 바깥놀이를 충분히 경험한 아이는 뇌도 발달합니다. 앞에서 말씀드린 대로 운동도 공부도 다 잘하는 초등학생이 적지 않은 것은 당연한 일이에요.

물론 유아기에 마냥 바깥놀이만 즐긴다고 공부를 잘하게 되는 것은 아닙니다. 가령 '진흙과자를 다섯 개 만들었는데 세 개가 망가졌으니 두 개가 남았다'는 것은 무의식적으로 이해할 수 있지만, 초등학교에 입학한 이후에 수학을 쉽게 이해하기 위해서는 이런 구체적인 경험을 '5-3=2'라고 일반화·추상화해 의식적으로 연결하는 연습이 필요해요.

종종 너무 어릴 때부터 공부를 하면 초등학교에 들어가서 배우는 것들이 시시하게 느껴지지 않느냐는 질문을 받는데, 아홉 살 이전의 아이는 자신이 잘하는 것에 흥미를 느낍니다. 어려운 문제를 즐기는 시기는 열 살 넘어서예요. 유아기와 초등학교에 갓 입학한 아이는 자신이 잘 못하면 재미를 못 느낍니다.

유아기에는 문자 읽고 쓰기, 덧셈과 뺄셈 연습은 하루에 10분이면 충분합니다. 하지만 이런 연습은 초등학생이 된 이후 공부 습관 형성에 매우 중요합니다.

그렇다면 매일 몸을 움직이며 뛰어노는 것과 하루 10분만 문자와 숫자를 접하는 것 중, 어느 것을 집에서 하고 어느 것을 유치원에 맡기면 좋을까요? 답은 간단합니다. 어린이집이나 유치원에서는 마음껏 바깥놀이를 즐기기만 하면 됩니다. 현실적으로 부모가 매일 놀 장소나 함께 놀 친구를 찾기란 어려운 일이니까요.

일본 문부과학성이 2012년에 발표한 '유아기 운동 지침'에서는 매일 총 60분 이상의 바깥놀이를 하도록 권장하고 있습니다. 더운 날에도 추운 날에도 아이가 노는 데 따라나서기란 어렵습니다. 어린이집이나 유치원에서 친구들과 선생님과 함께 매일 실컷 놀 수 있으니 얼마나 축복받은 환경인가요.

어린이집이나 유치원에서 어린아이들을 돌보면서 공부와 바깥놀이에 모두 힘을 쏟기란 사실상 매우 어려워서, 공부 중심의 어린이집이나 유치원에서는 바깥놀이가 소홀해지기 쉬워요.

게다가 놀이 중심으로 문자 교육을 하지 않는 유치원, 학습지 등을 이용해 문자를 일제히 지도하는 유치원, 놀이를 적당히 하면서 문자도 지도하는 유치원의 상급반 아이들 480명을 대상으로 읽기와 쓰기 능력을 비교한 결과, 거의 차이가 없었다는 보고도 있습니다.[103] 어린이집이나 유치원은 매일 놀이 중심으로 돌아가도 됩니다.

'우리 애가 다니는 유치원은 매일 놀리기만 하니 참……' 이런 걱정은 필요 없습니다. 오히려 부모들에게 인기를 얻고자 공부를 많이 시킨다고 홍보하는 유치원일수록 아이들의 발달을 제대로 고려하지 않는 곳일지도 몰라요.

# 42
## 적극성이 부족해도 걱정하지 않기

나이가 다른 아이들과
놀 기회를 만들어주세요

### 성격은 타고나기도 하지만 환경을 통해 바뀔 수 있다

다가올 시대에는 어릴 때부터 자기주장을 확실히 해야 한다고 생각하시지 않나요. 가령 한 명씩 좋아하는 케이크를 고를 때, 주위 아이들에게 양보만 하다가 남은 케이크를 집어드는 모습을 보면 살짝 안쓰럽게 느껴질지도 모릅니다. 집에서는 냉큼 치즈 케이크를 집는데 말이지요.

아이의 성격은 부모의 어린 시절과 매우 비슷합니다. 그러니 부모가 지금 자기주장을 제대로 한다면, 아이도 언젠가 자기주장을 하게 되겠지요. 하지만 부모로서는 계속 기다리고만 있을 수도 없지요.

펜실베이니아주립대학의 심리학자 로버트 플로민Robert Plomin 교수는 타고난 유전자에 환경의 영향이 더해져 그 사람의 성격이 형성된다고 했습니다.[104] 성격은 환경이나 주위 아이들에게 영향을 받고도 바뀐다는 이야기지요. 아무리 자기주장이 강한 사람이라도 자기주장이 더 강한 사람들과 차례대로 케이크를 고를 때면 먼저 고르라며 한발 물러설지도 모르고, 전학과 동시에 성격이 완전히 달라지는 아이들의 이야기도 자주 듣습니다.

자신의 욕구나 의지를 상대방에게 전달하고 행동하는 '자기주장'과 자신의 욕구나 행동을 참아야 할 때 인내하는 '자기억제'는 모두 유아기에 많이 성장한다고 알려져 있어요.[105]

그런데 두 가지가 골고루 성장하는 것이 아니에요. 예를 들면 미국 아이들은 환경의 영향으로 일본 아이들보다 자기주장이 먼저 발달하기도 하고,[106] 같은 나라의 아이들이라도 자기주장과 자기억제의 발달 수준은 제각각 다릅니다.

적극적이지 않은 아이는 자기억제가 자기주장보다 먼저 발달한 것이에요. 그러니 자기주장이 자신보다 조금 더 발달한 유형의 아이와 함께 있으면 양보하기 십상입니다. 그렇다고 늘 양보만 하는 아이를 보다 못해 부모가 끼어들어 "네가 양보 안 해도 돼!"라고 말하는 것은 굉장히 좋지 않습니다.

어른이 중재할 때는 "양보하지 않아도 되는데 어떻게 하고 싶니?"라는 식으로 스스로 선택할 수 있게 해주세요. 그래도 양보하겠다고 하면 아이의 뜻을 존중해주세요. 이런 일을 반복해 경험하면서 자기주장도 할 수 있게 됩니다.

그렇다면 한 번이라도 더 자기주장을 할 수 있는 환경은 어떻게 만들어주면 좋을까요? 자신과 다른 연령, 즉 발달 단계가 다른 친구들과 함께 놀게 하기를 추천합니다.

나이가 다른 친구는 자기주장과 자기억제의 균형이 자신과는 전혀 다릅니다. 가령 나이가 더 어린 친구는 자신보다 더 자기주장을 잘 못하지요. 그러니 어린 친구들과 함께 놀면 평소에는 좀처럼 자기 의견을 말하지 못하던 아이도 자신 있게 자기주장을 펼치기 쉽습니다. 물론 어린 친구들은 제멋대로 굴려고 할 수도 있지만, 그런 경우에도 "상대가 어린아이니까 내가 참아주었어"라며 자신의 행동에 의미를 부여할 수 있어요.

반대로 나이가 더 많은 친구는 자신보다 자기억제가 발달했으므로 그들과 함께 있을 때는 오히려 케이크를 먼저 고르라는 양보를 받을지도 모릅니다. 게다가 나이가 더 많은 친구는 놀이를 주도하는 데도 능숙하므로 나이가 같은 아이들과 놀 때 해보지 못하는 경험도 할 수 있어요.

부모도 같은 나이의 아이 친구들을 보면 '쟤는 저렇게 자기주장을 확실히 하는데 우리 애는……' 하고 비교하기 십상이지만, 나이가 다른 아이들과는 잘 비교하지 않으니 불필요한 스트레스도 줄어듭니다. 결국 부모도 아이도 모두 편안한 시간을 보낼 수 있어요. 이따금 문화센터를 찾아서 다른 나이대의 친구들과 놀면서 색다른 자극을 맛보는 것도 좋습니다.

# 5부

# 0~7세
# 적당히 학습 습관

# 국어와 수학을
# 놀이처럼 익히기

# 43
## 사교육 시키지 않기

학습 습관은 사교육이 아니라
부모의 말 한마디로 만들 수 있어요

### 공부하라는 소리를 듣고 기쁘게 공부하는 아이는 없다

아이의 친구들이 선행 학습을 위해 학원에 다니기 시작했다는 이야기를 들으면 어린 나이에 벌써부터 학원에 보내는 건 옳지 않다는 생각이 들지요? 하지만 한편으로는 초등학교에 들어가 집단에서 공부할 준비도 할 겸 보내는 것이 좋지 않을까 싶은 초조한 마음도 들 겁니다.

하지만 초등학교에서 학습하는 토대를 만들고자 한다면 학원에 다니는 것은 오히려 역효과가 나기도 합니다.

공립 초등학교의 수업 내용은 학습지도요령에 따라 결정됩니다. 일본에서는 학습지도요령이 1958년에 처음 만들어졌고, 이후로 거의 10년에 한 번 꼴로 개정되고 있습니다.

1968년도판은 학습할 내용이 꽤 많았던 탓에 낙제생을 낳는 결과를 가져왔습니다. 이로 인해 주입식 교육이 비판받자 1977년도판부터 조금씩 '유토리 교육'(일본 공교육에서 주입식 교육을 지양하고 창의성과 자율성을 존중하는 교육 – 옮긴이)이 시작되었어요. 1989년도판, 1998년도판으로 갈수록 학습 내용은 점점 줄어들었습니다.

유토리 교육에서는 읽기와 쓰기, 계산의 반복 연습을 시대에 뒤처진다며 경시했지만 2003년, 2006년에 실시된 국제학업성취도평가 'PISA'에서 일본의 순위가 크게 떨어지면서 이것이 사회문제로 대두되었습니다.

급기야 기초학력의 중요성을 새삼 느끼면서 읽기와 쓰기, 계산의 반복 연습이 숙제로 부활하기에 이르렀지요. 이에 따라 지금의 초등학생, 그리고 앞으로 초등학생이 될 아이들은 숙제를 한가득 안고 집으로 돌아옵니다. 학교에서 수업 내용을 확실히 익히기 위해 집에서도 꾸준히 복습하게 해달라는 부탁인 것입니다. 게다가 숙제에는 가정에서 학습하는 습관을 들이려는 의도도 있어요.

물론 받아쓰기나 계산 연습은 그리 어렵지 않으므로 마음먹고 하면 15분이면 끝납니다. 하지만 갓 초등학교에 들어간 아이들이 내버려두면 알아서 숙제를 해치우나요? 절대 그렇지 않습니다. 이때 무턱대고 숙제하라고 잔소리해봐야 아이들은 하지 않습니다. 하지만 동기부여만 되면 집중할 수 있다는 사실은 누구나 알고 있지요.

부모가 잘 격려해서 아이에게 '스스로 하기로 결정해서 잘 끝마쳤다!'라고 생각하게 만든다면 아이는 '나는 숙제를 열심히 하는 아이'라는 셀프 이미지를 갖습니다. 그러면 알아서 숙제를 하게 되지요. 하지만 아이를 잘 구슬리는 것이 쉽지 않습니다.

곧 닥칠 그날을 위해 구체적으로 어떻게 하면 좋을지 부모의 역할을 실전 형식으로 배울 수 있는 절호의 기회가 유아기입니다. 놀이를 통해 아이의 흥미를 높이고, 문자나 숫자에 관심을 갖도록 유도하고, 아이를 잘 관찰하여 의욕을 끌어낼 수 있는 말을 해주어 아이가 자연스레 그리고 당연히 학습하는 습관을 들이면, 그 습관은 초등학생이 되어도 유지됩니다.

그런데 학원에 맡겨버리면 학원에서 아이의 집중 스위치를 눌러주니 부모가 아이의 학습에 개입하는 방법을 충분히 터득하지 못합니다. 그러면 초등학생이 된 뒤에도 아이의 집중 스위치를 제대로 눌러주지 못하여 "좋은 말로 할 때 숙제 안 하니!" 하고 화를 내게 됩니다. 그렇다고 평생 아이를 학원에 맡길 수도 없는 노릇이지요.

물론 학원은 매우 재미있어서 아이에게 좋은 경험이 될지도 몰라요. 또 초등학교 생활의 노하우를 익히는 데도 좋지요. 아이의 흥미를 키우기 위해 어떤 말을 해주면 좋을지 모를 때 잠깐 체험해보는 것도 나쁘지 않습니다. 그러니 다니는 목적에 따라서는 꼭 나쁘다고 할 수는 없어요.

그러나 초등학교에서 학습하기 위한 자신감이나 적극성, 협동성은 부모와 아이가 호흡을 맞춰 함께 키워나가야 합니다. 이러한 경험을 통해 무엇보다 부모가 비약적으로 성장합니다. 학원은 어디까지나 목적에 맞게 이용하는 것이 중요합니다.

# 44
## 자연스레 책에 손이 가는 환경 만들기

시간을 정해 가족 독서
시간을 만들어보세요

### 책을 읽은 양과 국어 능력은 비례한다

추상적인 말을 머릿속에서 구체적인 말로 바꾸어 이해하거나, 여러 구체적인 사실을 종합해 '결국 ○○○구나!' 하고 일반화해 생각하는 등 어른은 모두 생각할 때 말을 사용합니다. 국어가 중요하다는 말을 많이 하는데, 국어 능력은 이처럼 보고 들은 말을 이해하고, 말을 사용해 새로운 생각을 만들어내는 힘을 뜻합니다. '국어 능력=생각하는 힘'이라고 볼 수 있어요.

그런데 쉽게 점수로 나타낼 수 있는 계산 능력이나 달리는 속도 등으로 수치화할 수 있는 체력과 달리 국어 능력은 수치로 나타내기가 쉽지 않아요. 그러니 아이의 국어 능력이 어느 정도인지, 안심할 수 있는 수준인지 아닌지 불안해하기도 합니다.

아이의 국어 능력은 아이가 읽는 책과 그림책을 통해 쉽게 가늠해볼 수 있습니다. 국어 능력이 높은 아이일수록 이야기가 재미있으니 점점 더 자주 그림책을 읽어달라며 들고 옵니다. 물론 읽을수록 그림책에 더 빠져들지요.

영국의 심리학자이자 현재 세인트존스대학의 학장이기도 한 마거릿 스놀링Margaret J. Snowling 박사팀이 네 살짜리 아이들을 2년 동안 추적 조사했습니다. 그 결과 초등학생이 될 무렵에 '책을 이해하는 힘'은 유아기의 '문자 지식', '음운 인식', '어휘력'의 세 가지로 예측할 수 있다는 사실을 알게 되었습니다.[107]

'문자 지식'이란 한국 유아들의 경우에 한글에 대한 지식입니다. 자음(ㄱ, ㄴ, ㄷ……)과 모음(ㅏ, ㅑ, ㅓ……)을 익히고 이 자음과 모음을 결합해 글자를 만들 수 있는 능력을 말해요(예: ㄱ+ㅏ = 가).

그런데 한글을 한 글자씩 읽을 수 있어도 이 글자들이 모여 어떤 뜻을 나타내는지를 모르면 문자를 봐도 이미지를 떠올릴 수 없습니다. 하나하나의 글자를 조합해 단어를 만들거나 한 단어를 구성하는 글자들을 하나씩 떼어내는 것을 '음운 인식'이라고 합니다(예: 가+지=가지, 가방=가+방). 어른에게는 너무 쉽게 느껴지지만, 몇 가지 문자가 조합되어 하나를 이룬다는 개념이 없는 아이에게는 어려운 능력이지요.

마지막으로 '어휘력'이란 얼마나 많은 말을 알고 있는지를 나타냅니다.

### 유아기에 책을 좋아하면 초등학생이 되어서도 책을 좋아한다

아이는 문자를 읽는 것보다도 귀로 말을 듣는 데 익숙하므로, 처음에는 '개'라는 소리를 귀로 들으면서 개를 떠올립니다. 그리고 성장하면서 '개'라는 글자만 보고도 자동으로 개를 떠올리지요.

그 예가 두뇌 트레이닝 방법으로 화제가 된 스트루프 효과Stroop Effect입니다. 가령 어른은 '글자가 무슨 색깔의 잉크로 쓰여 있는가?'에 답하는 데 빨간 잉크로 쓰인 '빨강'을 '빨강'이라고 답하기는 쉽지만, 빨간 잉크로 쓰인 '검정'은 자기도 모르게 '빨강'이 아니라 '검정'이라고 답해버립니다. 그런데 이 테스트에서 쉽게 탈락하는 사람은 문자를 보고 자동으로 이미지가 떠오르므로 읽는 속도가 빠릅니다.

일본의 아이들을 대상으로 조사해본 결과 히라가나를 60자 이상 익힌 아이들은 유아기에도 히라가나에 스트루프 효과를 보였습니다. 화면에 표시된 그림의 이름을 답하는 테스트에서 수박 그림 위에 슬쩍 '멜론'이라고 적어두면 문자를 본 순간 멜론을 떠올리고는 '수박'이라고 즉시 대답하기 어려워지는 것이었어요. 참고로 의미가 없는 문자의 경우에는 이미지가 떠오르지 않아서 큰 영향은 없었습니다.[108]

이런 아이들은 책을 읽는 속도가 빨랐습니다. 많은 책을 읽다 보면 새로운 단어도 만나게 되는데, 가끔 모르는 말이 나와도 맥락을 통해 말의 의미를 유추할 수 있어서 어휘력이 늘어납니다.

일본의 전국학교도서관협의회에서 실시한 조사에 따르면 초등학교 4~6학년생이 2018년 5월 한 달 동안에 읽은 책은 평균 10권이었는데, 전혀 읽지 않은 아이도 8.1퍼센트나 있었습니다.

조금 오래된 데이터입니다만, 한 달에 책을 10~20권 읽는 아이는 초등학교를 졸업할 무렵이면 2만 단어 정도의 어휘력을 가진 데 반해, 책을 거의 안 읽는 아이는 8천 단어 정도였다고 합니다. 또 초등학교 때 책을 안 읽는 아이는 초등학교에 입학할 당시에도 어휘력이 낮았습니다.[109]

유아기에 '문자 지식', '음운 인식', '어휘력'을 잘 키워 독서를 즐길 수 있게 되면 초등학교에 입학할 때 충분한 어휘력을 갖게 됩니다. 그러면 가만히 두어도 책을 좋아하게 되어 말을 이해하고 말을 사용해 생각하는 국어 능력을 키울 수 있어요.

그리고 앞의 세 가지 능력을 키우는 방법은 전혀 어렵지 않습니다. 이제부터 이러한 능력의 발달에 대해 설명할게요.

아이가 책을 좋아하고 책을 이해하는 힘을 키우기 위해 무엇보다 중요한 일이 있습니다. 독서는 기술이므로 다른 기술과 마찬가지로 하면 할수록 능숙해집니다. 그러려면 부모가 책을 읽어야 합니다.

여섯 살인 지혜의 집에서는 주말 오전에는 독서 시간을 갖습니다. 엄마는 패션 잡지나 육아서, 아빠는 취미인 DIY 서적이나 만화, 엄마가 권해준 육아서 등을 읽어요. 독서 시간은 모두 자신이 좋아하는 책에 빠져서 신경을 써주지 않으니 지혜도 언제부터인가 엄마 아빠를 따라 좋아하는 책을 펼쳐놓고 읽게 되었습니다. 지금은 어른들도 놀랄 정도로 두꺼운 책을 열중해서 읽어요.

아이가 잠든 뒤에 이 책을 읽고 계시나요? 내일은 노는 아이의 곁에서 읽어보세요.

# 45
# 억지로 글자를 쓰게 하지 않기

## 0~7세는 쓰는 힘보다
## 읽는 힘이 중요해요

**우선은 다섯 글자씩 익히는 것을 목표로 삼는다**

국어 능력을 키우기 위해 유아기에 중요한 세 가지 능력 중 첫 번째인 '문자 지식'에 대해 말씀드립니다.

'아'는 아라는 소리를 나타내는 기호입니다. 한글 학습은 한글을 구성하는 소리를 나타내는 기호를 하나씩 배우는 것을 말해요. 매우 힘들 것이라고 생각할지 몰라도 한글을 읽기 훨씬 전부터 아이는 기호를 다루는 데 꽤 익숙합니다. 돌 이전의 아이도 책장의 표지만 보고도 그것이 자신이 좋아하는 그림책인지 아닌지 압니다. 이러한 것의 일부도 사물의 전체를 의미하는 기호예요.

가령 그림책에 그려진 얼굴이 있는 자동차는 진짜 자동차와 비슷하면서도 다른데, 이 역시 차를 기호화한 것입니다. 아이는 반복해 읽어서 외워버린 그림책을 들고 와서 자신이 읽어주겠다며 글자를 읽는 흉내를 내기도 합니다. 이 정도 수준이면 그 그림책에 적힌 문자(글)에 꽤 익숙해진 것이니 한글을 익힐 준비는 충분히 되었습니다.

일본국립국어연구소에서 어린이집과 유치원에 다니는 어린이 1202명을 대상으로 읽을 수 있는 히라가나의 수를 조사한 결과에 따르면 20자나 40자만 아는 아이는 매우 적고, 대부분은 거의 읽을 수 있거나(60자 이상) 전혀 읽지 못했습니다(4자 이하).[110]

다섯 자 이상을 읽을 수 있으면 얼마 지나지 않아 대부분을 읽을 수 있게 돼요. 그리고 이렇게 글자를 단번에 익히는 나이는 네 살 무렵이 많았습니다. 네 살은 지성의 중추인 뇌의 전두엽이 급속히 발달하기 시작하는 시기입니다. 따라서 이 시기에 계기만 잘 만들어주면 아이는 문자를 단숨에 익힙니다.

**주변 사물에 이름을 적어놓으면 문자를 흥미롭게 익힐 수 있다**

그 계기란 무엇일까요? 네 살부터 여섯 살 사이의 아이들이 문자를 어떻게 익히는지 알아본 결과, 네 살에 이미 문자를 익힌 아이는 자신이나 친구의 물건에 적힌 이름을 보고 배운 유형이 가장 많았습니다.[111]

예를 들면 자신의 이름 글자와 친구의 이름 글자를 비교해보다가 문자 공부에 흥미가 붙는 식이지요.

곧 네 살이 되는 소원이의 엄마는 이 사실을 알고 세면대 거울에서 소원이 얼굴이 비치는 위치에 '이소원'이라는 이름을 크게 쓴 스티커를 붙여놓았습니다. 그러다가 소원이가 글자를 익히는 게 기특해서 스티커에 '화장실', '계단', '냉장고' 같은 글자를 써서 화장실과 계단, 냉장고에 붙였지요. 언제부터인가 소원이는 스티커 찾기 놀이에 푹 빠져서 하나씩 발견할 때마다 "엄마, 이건 뭐예요?"라고 묻고, 엄마는 "이건 화, 장, 실이야"라고 말해주는 것이 일과가 되었습니다. 그러다 보니 소원이는 금세 한글을 익혔답니다.

유아기에 필요한 것은 읽는 힘이지 쓰는 힘은 그리 중요하지 않습니다. 억지로 쓰게 하려고 하다가는 아이가 문자 자체를 싫어하게 될 수 있으니 주의하세요. 유아기에는 무엇보다 즐겁고 재미있어야 합니다.

# 46

## 아기의 언어로 말 걸어주기

말의 뜻은 반복하다 보면
자연스레 익혀요

**아기의 언어야말로 국어 학습의 가장 좋은 출발점**

국어 능력을 키우기 위해 유아기에 중요한 두 번째 힘인 '음운 인식'에 대해 설명하겠습니다.

글자를 한 자씩 더듬거리며 읽는 수준에서 벗어나 '강, 아, 지'라는 문자를 연결했을 때 강아지를 의미한다는 것을 이해하려면 우선 귀로 들은 말소리의 연결을 인식해야 해요. 이것이 음운 인식입니다. 아직 말을 적게 경험한 유아에게는 어려운 일인데, 그런 유아에게 음운 인식을 익히도록 돕는 가장 좋은 재료가 바로 아기 언어입니다.

아이와 이야기를 하다 보면 자기도 모르게 '맘마', '붕붕' 등의 아기 언어를 사용하게 되지요. 아기 언어처럼 아이들을 위한 특별한 말을 '마더리스motherese'라고 합니다. 아이를 키우는 엄마가 사용하는 말이라는 의미인데, 물론 아빠들도 사용합니다. 그리고 거의 모든 나라와 문화에서 독자적인 마더리스를 가지고 있어요.

마더리스는 일반적으로 짧고, 음의 조합이 단순하며, 알아듣기 쉽게 되어 있습니다. 예를 들어 일본어로 엄마를 뜻하는 '오카상'은 글자 수도 많고 어디서 어떻게 끊어 읽어야 할지도 어렵습니다. 이에 비해 '마마'는 '마'로 시작하고 두 글자로 되어 있어서 아이들이 말하기가 훨씬 쉽습니다. 50퍼센트의 아이들이 18개월 무렵이면 '마마'라고 말할 수 있는 데 반해 '오카상'은 두 돌이 지나야 말할 수 있다는 조사 결과도 있습니다.[112]

또 '멍멍'이나 '붕붕', '구구구'처럼 'ㅇ'으로 끝나거나 소리를 길게 빼며 끝내는 등 어린아이들도 음운을 이해하기 쉬운 규칙이 있습니다. 소리의 리듬도 좋아서 아이가 음운을 즐기기에 안성맞춤이지요. 다양한 소리에 둘러싸인 일상생활에서 아이가 말을 터득하는 데는 마더리스가 매우 중요한 역할을 합니다.

어른은 아이에게 자연스레 마더리스로 말을 하기 때문입니다. 그리고 이것은 아이의 음운 인식의 발달을 촉진하기 위한, 인간이

가진 공통의 메커니즘이라고 여겨지고 있어요.

음운 인식의 발달은 '송, 아, 지'라는 음에 맞춰 손을 세 번 두드리는 놀이가 가능한지 등을 통해 가늠할 수 있습니다. 이어서 문자의 첫소리와 마지막 소리를 알게 되고, 점차 끝말잇기를 할 수 있게 되죠.

이리하여 음운 인식이 자라고 한글의 낱글자를 익힌 다음에는 단어를 인식하게 됩니다. 본격적으로 스스로 책을 읽는 세계에 발을 내딛는 순간이지요. 문자를 보고 자연스레 이미지가 떠오르게 되면 혼자서도 그림책을 읽고 내용을 이해할 수 있습니다.

모두가 인정하는 애독가로 자란 준호가 처음 혼자 열중해서 읽은 책은 스토리가 있는 그림책이 아니라, 『공룡 도감』이었습니다. 무척이나 좋아하는 여러 종류의 공룡에 쓰인 이름을 몇 번이고 읽다 보니 글자를 통째로 이해하는 능력을 터득했는지, 어느새 부모님도 깜짝 놀랄 정도로 빨리 책을 읽게 되었어요.

좋아서 하는 일이 곧 숙달하는 길이라는 말은 이런 것을 두고 하는 말일 거예요.

# 47
## 아이의 대답을 5초 동안 기다리기

### 아이에게 말을 자주 걸어야
### 어휘력이 풍부해져요

**생후 20개월까지는 언어 처리가 미숙하다**

아이의 말을 들어보면 어디서 저런 말을 배웠을까 싶을 때가 있지요. 아이들은 어떻게 어휘를 터득하는 것일까요?

돌을 전후로 첫말을 하는 아이가 많습니다. 하지만 '지금 엄마라고 했나?'라며 기뻐하는 순간 입을 꾹 다물어버려서 잘못 들은 것인가 생각하기도 하지요. 그렇게 기다리기를 몇 개월, 다시 말하기 시작했나 싶어서 보니 이번에는 다리가 네 개 달린 동물은 모두 "멍멍" 하고 부르며 꽤나 불안정한 모습을 보여요.

어른의 경우에 오른손잡이의 97퍼센트, 왼손잡이의 69퍼센트는 언어를 주로 뇌의 좌반구에서 처리한다고 알려져 있어요. 그런데 17개월이 안 된 아이의 언어 처리는 너무 미숙해서 뇌의 좌우 차이가 거의 없습니다.[113] 그러니 이 시기의 아이는 어휘가 매우 천천히 늘어나고, 좀처럼 정착하지 못한 채 사라지기도 합니다.

그러다가 어른과 마찬가지로 언어를 좌반구에서 처리하기 시작하고 언어에 관한 뇌 시스템이 효율적으로 움직이기 시작하는 20개월 무렵부터 어휘력의 폭발기가 시작됩니다. 이때부터 초등학교에 입학할 때까지 2,000~7,000단어를 익힌다고 하니, 한 달에 30단어 이상, 많은 아이는 100단어 이상의 빠른 속도로 말을 배우는 셈입니다. 굉장한 학습 능력이지요.

생후 18개월부터 초등학교에 입학할 때까지의 아이는 설레는 마음으로 새로운 말이 들리기를 기다립니다. 스탠퍼드대학의 심리학자 데이비드 볼드윈David A. Baldwin 교수의 실험에서는 장난감에 열중하여 노는 아이 곁에서 어른이 "아, 토마다!(토마는 가공의 이름)" 하고 다른 장난감을 가리키며 소리쳤더니, 90퍼센트 이상의 아이들이 하나같이 어른이 무엇을 보고 '토마'라고 했는지를 확인했다고 해요.

또 에모리대학의 심리학자 마이클 토마셀로 교수팀의 실험에서는 두 살짜리 아이에게 어른이 "토마는 어디에 있을까?" 하고 말하면서 몇 개의 바구니 뚜껑을 열고는 실망한 표정을 지었다가 마지막 바구니를 열었을 때 승리의 표정을 지어 보였습니다. 그리고 내용물을 꺼내어 아이에게 보여주자 "이것이 토마야"라고 말해주지 않았는데도 그 후의 테스트에서 이것을 '토마'라고 기억하고 있었다고 합니다.[114]

어휘력 폭발기의 아이는 어른의 몸짓이나 표정 등 다양한 힌트에 의존해 어휘를 늘립니다.

### 아이에게 천천히, 많이 말해준다

그렇다면 이렇게 꾸준한 노력이 보기 좋게 열매를 맺고 단단한 어휘력으로 자리 잡는 아이들은 어떤 경우일까요? 지금까지의 많은 연구 결과, 단어를 듣고 그것이 무엇인지 인식하는 속도가 빠를수록 어휘력이 빠르게 성장한다고 알려져 있습니다. 똑같이 안다고 하더라도 말을 듣는 순간 바로 감이 오느냐, 아니면 그것이 무엇이었는지 생각한 다음 아느냐에 따라 몇 년 뒤에 획득한 어휘량은 완전히 다르다고 해요. 학생들도 수업 중에 선생님의 설명을 듣다가 모르는 말이 있으면 그다음 수업 내용을 따라가지 못하는 것과 같습니다.

그렇다면 아이의 어휘 인식 속도를 높이기 위해 부모는 어떻게 하면 좋을까요?

유아 언어 연구의 일인자인 스탠퍼드대학의 앤 페르널드Anne Fernald 교수팀이 이제 갓 말하기 시작한 18개월의 아이들을 대상으로 조사한 결과, 평소에 말을 많이 걸어주지 않은 아이는 말을 많이 걸어준 아이에 비해 어휘에 반응하는 시간이 1.2배 오래 걸린다는 사실을 알아냈습니다.[115]

앤 페르널드 교수팀의 다른 조사에서는 생활수준이 비슷한 가정의 아이들을 중에서도 아이에게 1시간에 50단어밖에 말하지 않는 가정이 있는가 하면, 1200단어(1분당 20단어)를 말하는 가정도 있었습니다.[116] 예를 들면 산책할 때 "위험해!", "안 돼!" 하고 가끔 주의를 주는 것 이외에는 거의 아무 말 없이 걷는 것과, "다음 모퉁이에서 오른쪽으로 가자. 앗, 봐봐 나비야!" 하고 말을 걸며 걷는 것의 차이입니다. 사용하는 단어 수가 상당히 다르지요. 이러한 대화 습관이 쌓이고 쌓여서 이후 아이의 어휘력에 큰 차이를 낳는 것입니다.

그리고 말을 많이 해주면 아이 스스로도 말을 많이 하게 되는데, 이것이 어휘력 향상에 효과적이라고 해요.[117] 이것저것 자신이 아는 말을 나열하면서 전달의 기쁨을 경험하다 보면 아이의 뇌에 어휘가 정착되기 쉬워집니다.

하지만 아이는 생각하는 데 시간이 걸리니 어른이 보통의 속도로 말하면 아이가 말할 기회가 없어요. 아이와 대화의 캐치볼을 주고받을 때는 말을 던진다기보다는 굴려준다는 느낌으로 건네세요. 부모만 계속 말하지 말고, 한번 아이에게 말을 굴려 보냈다면 돌아올 때까지 적어도 5초는 기다려주세요.

# 48
## 그림책은 아이 지능을 높이는 최고의 교육

아이와 함께 그림책을 읽으면
부모도 성장할 수 있어요

### 직접 경험하지 않아도 그림책을 읽으면 상상력이 커진다

일본에서는 2001년에 '아동의 독서 활동 추진에 관한 법률'이 공
포되어 전국의 지방자치단체 중 약 60퍼센트가 아이가 있는 집에
그림책을 선물하는 '북 스타트' 프로그램에 참여하고 있어요. 법
률까지 생길 정도니 유아기에 그림책을 읽어주는 것이 얼마나 중
요한지 알 수 있지요.

'그림책을 읽었는데 직접 경험한 듯한 기분이 든다'는 이야기
를 들어본 적 있나요? 사실 사람이 무엇이나 다 경험할 수 있는 것

은 아닙니다. 거대한 코끼리의 박력이나 무당벌레가 손등에 앉았을 때의 두근거림 등은 실제로 경험해보지 않으면 모릅니다. 하지만 그림책을 읽으면 등장인물에 공감하는 경험을 할 수 있어요.

공감이란 예를 들면 넘어져서 우는 친구를 보고 자신도 왠지 슬퍼지는 감각을 말합니다. 공감을 통해 친구를 위로하고 싶은 기분이 들지요.

그림책 속의 아이가 넘어져서 울고 있는 것을 본 아이는 자신도 슬픈 기분이 듭니다. 그림책은 현실세계에서는 경험하지 못할 수많은 '공감'을 경험하게 해줘요. 그리고 공감을 통해 마음이 착한 아이로 자랍니다.

직접 경험하지 않아도 그림책을 읽으면서 길러지는 것이 또 있어요. 우선 상상력이에요. 가령 그림책에서 토끼 그림을 보면서 "토끼가 깡충깡충 뛰었어"라는 말을 들었을 때, 아이의 뇌는 현실에서 토끼를 볼 때와 전혀 다른 반응을 보입니다. 실제로 토끼를 볼 때는 사실을 흡수하는 데 힘을 쏟느라 상상력을 발휘하기가 어려워요.

하지만 그림책을 읽을 때는 상상력을 발휘하여 머릿속에서 그림책의 토끼를 깡충깡충 뛰게 만들며 내용을 이해합니다. 자기 나름의 현실을 머릿속에서 만들어내는 것이지요. 한 실험에서는 생후 18개월에서 30개월의 아이가 엄마와 함께 『모모와 놀자』를 읽

고 있을 때, 사고력을 담당하는 뇌 부위(전두엽)가 매우 활발하게 움직였다고 합니다.[118]

그림책을 읽을 때 아이는 내용을 상상하며 즐기고 있으므로, 상상하지 못하면 시시해집니다. 상상이란 자신의 경험을 연결하는 작용이므로, 자신의 경험과 동떨어진 일은 상상할 수 없거든요.

아이들은 상상력이 높다고들 하지만, 단지 과거의 경험을 연결하는 방법이 특이할 뿐입니다. 아이들은 경험이 적어서 실제 상상력은 아직 미숙합니다. 그러니 아이에게 지나치게 생소한 내용의 그림책은 읽어도 상상하지 못합니다. 아이의 상상력을 길러주려면 아이의 경험과 연결되는 그림책을 골라주세요.

그리고 한 번 더 읽어달라고 하면 아이가 많이 상상하고 뇌가 크게 만족한 것이니 몇 번이고 읽어주세요.

## 그림책을 보면 읽는 힘, 지능, 어휘력이 동시에 길러진다

그림책을 통해서 문자를 읽는 힘의 기초도 길러집니다. 그렇지만 안구운동을 측정한 실험에서는 문자를 읽을 수 있는 아이도 읽지 못하는 아이도 그림책을 읽고 있을 때는 대부분 문자를 보지 않는다는 사실이 밝혀졌습니다.[119] 그래도 괜찮습니다.

가령 그림책에 나온 개 그림이 실물과 전혀 달라도 어른은 그것이 개라는 것을 압니다. 그림이란 실제 개의 특징만 뽑아서 기호화·추상화한 것이에요. 그리고 더 추상화한 것이 문자입니다. 이 책은 한 쪽에 무려 600자가량이나 쓰여 있는데, 그림책을 가득 메운 그림에도 수백 자에 해당하는 내용이 담겨 있어요.

그러니 부모가 그림책을 읽어줄 때 아이는 그림을 천천히 읽는 셈입니다. 이것이 결국에는 추상도가 더 높은 '문자'를 읽는 힘의 토대가 되지요.

그림책 전문 출판사 후쿠인칸쇼텐에서 잡지 《아이들의 벗》을 창간하고 편집장을 지낸 마쓰이 타다시松居直는 그림책 한 권을 손에 들고 "여러분은 이 책이 그림책이라고 생각하겠지만, 이것은 그림책으로 들어가는 입구다. (중략) 아이들은 그림을 읽는다. 그림 속에 있는 말을 읽는다. 그리고 또 동시에 귀로 말의 세계를 체험한다. 귀로 들은 말과 눈으로 본 말이 아이 안에서 하나가 된다. 그곳에 그림책이 생긴다"라고 했습니다.

이처럼 그림책은 아이의 뇌를 활발하게 움직여주므로 당연히 지능도 향상됩니다.

『쿠슐라와 그림책 이야기』의 저자인 도로시 버틀러Dorothy Butler의 손녀딸 쿠슐라는 중증의 염색체 이상으로 태어날 때부터 손발을 자유롭게 움직이지 못했고, 눈의 초점도 거의 맞지 않았으며,

자주 병치레를 하다가 몇 번인가 위독한 상태를 맞기도 했습니다.

그런데 어머니는 생후 4개월 때 쿠슐라의 얼굴에 그림책을 가까이 가져다 대면 볼 수 있다는 사실을 발견했고, 이후로 쿠슐라와 긴 시간을 보내는 동안 많은 그림책을 읽어주었어요. 그 결과 쿠슐라는 생후 17개월에 보통 아이들 수준의 언어를 구사했고, 시각도 청각도 충분히 기능하지는 않지만 지능이 꽤 높아졌다고 합니다.

그림책을 읽어주는 것은 아이의 지능을 높이는 데 최고의 교육인 셈입니다.

그림책을 읽으면 어휘력도 키워집니다. 부모와 자녀가 함께 여러 이야기를 나누어도 실제로 사용하는 말의 종류는 그리 많지 않아요. 하지만 그림책에는 평소에 안 쓰는 말이 많이 들어 있습니다. 모르는 단어를 굳이 설명하지 않아도 그림책을 두 번 읽으면 새로운 단어의 16퍼센트를, 네 번 읽으면 23퍼센트를 터득한다는 보고도 있어요.[120]

이렇듯 그림책 속의 멋진 말을 부모와 자녀가 함께 반복해 읽으면 자연스레 일상생활에서 쓰게 되고, 어느새 익숙해집니다.

## 옛날부터 오래 읽혀온 그림책을 읽어준다

이제껏 그림책의 장점에 대해 강조했는데, 그림책을 읽어주는 것의 가장 큰 효과는 아이가 부모의 사랑을 충분히 느낄 수 있다는 데 있어요. 가능하다면 엄마 아빠의 무릎 위에 앉히고 그림책을 읽어주세요(이때 문자가 아니라 그림을 보세요). 신뢰하는 사람의 무릎 위에서 그림책을 읽으며 즐거움을 공유하는 것은 최고의 행복이겠지요.

다른 일을 하는 틈틈이 장난감으로 놀 수는 있어도, 다른 일을 하면서 그림책을 읽어주지는 못합니다. 그래서 그림책을 읽어줄 때는 장난감으로 함께 놀 때보다 부모와 자녀 사이에 대화가 늘어난다는 실험 결과도 있어요.[121]

그림책을 많이 읽어주면 부모에게도 좋은 효과가 있어요.

도시샤대학 심리학부의 연구팀은 검진을 받으러 온 부모와 아이들을 두 개의 그룹으로 나눈 뒤, 한쪽에는 석 달 동안 매일 그림책을 읽어주라고 하고, 또 한 그룹에는 어떤 요구도 하지 않았습니다.

실험이 끝난 뒤 두 그룹이 그림책을 읽은 시간을 조사해본 결과, 전자는 일주일에 평균 98분(하루 14분), 후자의 비교군은 평균 35분이었습니다. 그리고 부모와 아이가 노는 장면을 관찰해본 결과, 그림책을 읽어준 그룹의 아이들은 더 주체적으로 놀고 부모 역시 아이를 잘 관찰하며 아이가 좋아할 만한 말을 많이 해준다는 사실을 알아냈습니다.[122] 그림책을 통해 느긋하게 아이와 함께하면서 부모도 성장해가는 것이지요.

그렇다면 그림책을 어떻게 고르면 좋을까요?

일본에서 1년 동안 출판되는 그림책은 약 2,000권입니다. 이 중에서 처음 인쇄한 것이 다 팔려서 증쇄한 것, 다시 말해 많은 사람들이 재미있게 읽은 그림책은 40권 정도라고 합니다. 팔리지 않은 그림책은 서점에서 자취를 감추고 출판사로 반품되지요.

오래전에 출판되었지만 아직도 서점에 자리하고 있는 책은 많은 이들에게 사랑받아 증쇄를 거듭하고 있다는 뜻입니다. 그림책의 가장 뒤쪽에 있는 발행일과 인쇄 횟수를 확인해보세요. 가령 오랫동안 사랑받아온 에릭 칼Eric Carle의 『배고픈 애벌레』는 1969년에 출간되었고 62개 언어로 번역되어 세계적으로 읽히고 있습니다.

새로 나오는 책 중에도 좋은 책이 많지만, 그렇지 않은 책도 있습니다. 발행연도가 오래되었다고 해도 증쇄 횟수가 많은 책은 내용을 모른 채 사도 실패할 일이 적어요.

아이의 지능 교육을 위해 이것저것 계속하기는 어려운 일이고, 아이의 생활 리듬도 달라지니 생각처럼 되지 않을 때가 있습니다.

그래도 그림책만 읽어주어도 아이의 발달에 분명 긍정적인 효과가 있으니 초조해하지 않아도 되겠지요. 아이의 지능을 높이기 위해 무엇을 해줄지 고민된다면 우선은 그림책을 읽어주세요. 아이와의 교감이 좋아지는 최고의 방법이기도 하므로 제가 무엇보다 추천하는 최강의 육아 습관입니다.

# 49
## 초등학교에 들어갈 때까지 글짓기는 보류하기

유아기에는 즐겁게 그림을
그리는 것으로 충분해요

### 글을 쓰는 것은 고난도의 작업이다

이아가 유치원에서 고구마 캐기 활동을 하고 돌아온 날이면 자신이 캔 고구마가 토끼 모양이었다, 그 고구마에 얼굴을 그려보았다, 그랬더니 불쌍해서 먹지 못하겠다는 이야기를 아이는 신이 나서 해주지요. 이렇게 이야기를 잘하니, 글짓기를 하게 하면 어떨까요?

글짓기를 할 때 종종 '말하듯이 쓰라'고 하지만 실제로 글로 쓰는 능력은 말하는 능력보다 몇 년 늦게 성장하는 것이 보통입니다. 초등학교 고학년이 되면 말은 자유자재로 하지만, 글을 쓰는 능력은 미취학 아동이 말하는 수준인 경우도 적지 않아요. 어째서 그런 것일까요?

러시아의 심리학자 레프 비고츠키에 따르면 유아기에 하는 말은 본 것이나 느낀 것, 누군가에게 들은 것에 대해 거의 무의식적으로 반응한다고 해요. 그래서 강 위에 떠 있는 낙엽을 보고 "작으니까 뜨는 거야"라고 하거나, 바다에 뜬 배를 보고 "크니까 뜨는 거야"라는 식으로 앞뒤가 안 맞는 말을 아무렇지 않게 합니다.

조금 더 자라 서너 살 무렵이 되면 혼잣말을 중얼거립니다. 이것은 말을 생각하는 데 쓰게 되었다는 증거입니다. 아직 머리로만 생각하기가 어려우므로 소리를 내어 말하는 것이지요. 이때 비로소 말을 의식적으로 사용하게 됩니다.

단, 생각을 위해 말을 사용한다고는 하지만 어른도 머릿속에서 줄줄 문장으로 생각하는 사람은 없지요. 사람은 생각할 때 머릿속 이미지의 불필요한 부분을 전부 버리고 중요한 것만을 말로 바꿉니다. 고구마 캐기의 예에서도 머릿속에 말로 떠오른 것은 기껏해야 고구마, 토끼, 얼굴 정도입니다.

머릿속에서 필요 없는 부분을 지워낸 말에 주어와 서술어, 조사 등을 전부 붙였을 때 비로소 문장이 완성됩니다.

이렇게 말은 '무의식적인 말 → 의식적인 사고를 위한 말 → 의식적인 말'의 순서로 발달해요. 그러니 말은 잘해도 글은 잘 못 쓰는 것이지요. 무엇보다 아이들은 고구마를 캔 경험을 말하고 싶다고는 생각하지만, 글로 쓰고 싶다는 생각은 좀처럼 하지 않으므로 글짓기를 하려는 동기부여가 안 되는 것도 사실입니다.

그렇다면 초등학교에 들어가서 글짓기 때문에 어려움을 적게 겪으려면 유아기에 무엇을 하면 될까요?

비고츠키의 말에 따르면 아이 나름의 글짓기가 바로 그림 그리기라고 합니다. 그림을 그리는 것은 머릿속의 이미지를 문자를 사용하지 않고 그대로 형태화하는 것입니다. 아이의 그림은 그야말로 글짓기의 전 단계인 셈입니다. 고구마를 캘 때 즐거웠던 추억을 그림으로 그리고 즐긴다면 문법을 제대로 이해할 무렵이면 멋진 글짓기를 하게 됩니다.

독일의 유명한 심리학자이자 언어학자인 카를 뷜러Karl Bühler도 말하기가 능숙해지면 그림 그리기가 시작된다고 했어요. 그림 그리기는 멋진 글짓기로 가는 첫걸음이라고 생각하면 되겠네요.

물론 굳이 도화지를 준비해 작품을 만들게 할 필요는 없습니다. 고구마를 캔 이야기를 들을 때 "토끼 모양의 고구마는 어떻게 생겼어? 그려봐" 하고 전단지 뒷면과 크레파스를 내밀면 됩니다. 즐거운 이야기의 연장선상에서 그림을 즐기게 해주세요.

# 50
## 스스로 숫자를 세지 못한다고 초조해하지 않기

부모가 숫자를 많이 세어주면
어느덧 셀 수 있게 돼요

### 수학을 잘할수록 목표 달성 능력도 높아진다

어른이 되어 일을 하게 되면 마치 미사일이 날아다니듯이 계속해서 과제가 쏟아집니다. 이것을 아무 생각 없이 처리하고 있다가는 손을 쓸 수 없는 지경에 처할지도 모릅니다. 그러니 매사를 여러 측면에서 살펴보고 과제 해결을 위한 지름길을 찾아 논리적으로 판단해서 행동하는 사람이 되면 좋겠지요.

목표 달성을 위해 계획적으로 행동을 제어하는 능력을 '실행 기능'이라고 합니다. 그리고 상황을 논리적으로 판단하여 실행하는 능력은 수학 능력과 중복되는 면이 많아서, 실제로 유아기의 실행 기능과 수학의 이해력은 자주 일치한다고 알려져 있어요.[123] 일을 착착 처리하는 빠른 두뇌 회전력을 단련하는 첫걸음이 수학인 셈입니다.

게다가 초등학교 3학년 때의 수학 성적이 입학할 당시의 수학 능력과 매우 깊은 연관을 보인다는 보고[124]를 비롯해, 유아기의 수학 능력이 이후의 학업 성적에 영향을 준다는 연구 결과가 많습니다. '수학은 반복학습'이라고들 하는데, 실제로도 수학만큼은 적당히 하다가는 나중에 큰코다칠 수도 있습니다.

그렇다고 너무 걱정하지는 마세요. 조금만 신경 써주면 나머지는 알아서 발달할 테니까요.

수학에는 '수의 이해', '수감각', '연산 능력', '이미지 능력'이라는 네 가지 힘이 필요합니다.

첫째로 '수의 이해'란 '● ● ●……'라는 구체적인 것을 나타내기 위해 '일, 이, 삼……'이라는 숫자 세는 법이나 순서를 익히고, 또 '1, 2, 3……'이라는 수를 나타내는 문자(숫자)를 외우는 것을 말합니다.

두 번째인 '수감각'이란 예를 들어 두 개의 접시에 담긴 콩이 있을 때 어느 것이 더 많아 보인다는 것을 감각적으로 파악하거나, 정사각형의 틀에 세 글자로 된 이름을 균형감 있게 쓰는 힘을 말합니다. 수감각이 없는데 연산 능력만 억지로 키우려고 하면, 있을 수 없는 답을 아무렇지 않게 적어내기도 해요. 그리고 수감각이야말로 유아기의 환경에 가장 큰 영향을 받는 힘이기도 합니다.

수감각이 말 그대로 감각적인 것이라면, 세 번째인 '연산 능력'은 그것을 논리적으로 계산하는 힘입니다. 좌우의 접시에 담긴 콩의 개수를 세어본 다음, 각각 11개와 13개이니 오른쪽 접시의 콩이 2개 더 많다고 생각하거나, 세 글자의 이름을 예쁘게 적기 위해 이름을 쓸 칸을 3등분하는 힘이지요. 놀이나 일상생활에서 이런 구체적인 것들을 자연스레 할 수 있으면 비로소 학습지의 계산 문제도 풀 수 있습니다. 이 순서를 지키지 않으면 수학을 싫어하는 아이가 되기도 해요.

마지막의 '이미지 능력'이란 서술형 수학 문제에서 무슨 일이 일어났는지 이해하고 풀이 방법을 생각하거나, 그림을 이해하는 능력입니다. 그야말로 실행 기능인 셈입니다.

### 숫자를 소리 내어 말할수록 수학 능력이 단련된다

이처럼 수학은 수의 개념을 이해하는 것부터 출발합니다. 국어의 어휘력과 마찬가지로 숫자 역시 사용하면 할수록 잘 쓸 수 있어요.

수의 개념을 익히는 기본 방법은 1부터 10까지 숫자를 말로 세어보는 것입니다. 다만 억지로 숫자를 말하게 하지는 마세요. 아이가 자신감이 없다면 당연히 꺼려하고, 수를 두려워하게 될 수도 있어요.

아직 '잘 못하는 나라도 좋아!'라고 생각할 만큼 성장하지 않았으니, 메타인지가 발달하는 초등학교 3학년 때까지는 '나는 할 수 있다'는 긍정적인 셀프 이미지를 갖도록 하는 것이 더 중요해요.

수학뿐만 아니라, 자신감이 없는 일을 억지로 시키려고 하면 자신은 잘 못한다는 부정적인 셀프 이미지가 형성됩니다. 아이에게 먼저 숫자를 말하게 하지 말고, 부모가 많이 세어주세요. 그러다 보면 아이도 자신감이 생기고 함께 복창하게 됩니다.

또 가령 10까지 셀 수 있다고 해서 10까지 이해한 것은 아닙니다. '●●'과 '이'와 '2'가 연결되려면 개수를 세는 경험이 필요합니다.

처음에는 어른을 따라 하며 "일, 이, 삼……" 하고 적당히 물건을 손가락으로 가리키며 숫자를 세는데, 그러다가 하나씩 빠짐없이 가리키면서 마지막 한 개를 가리킬 때 말한 숫자가 물건의 전체 개수라는 것을 이해하게 돼요. 이것은 아이로서는 상당한 발전입니다. 발달심리학 분야에서는 '기수基數의 원리'라고 하는데, 만 3세 후반부터 4세 무렵에 가능해진다고 합니다.

윷놀이를 즐기는 사람의 머릿속에서는 '●●'와 '개'와 '2'가 연결되어 있다고 하는데 처음 윷놀이를 하면 여기에 좀처럼 익숙해지지 않습니다. 하지만 반복해서 주위 사람들의 말을 듣고 익숙해지면 당연한 듯이 이해하게 되지요.

아이도 마찬가지입니다. 스스로 숫자를 세기 훨씬 전부터 부모가 몇 번이고 숫자를 말하고 개수를 세어주며 아이의 몸에 수의 개념이 익도록 해주세요.

# 51
## 어느 쪽이 더 큰지 어림짐작할 수 있으면 안심하기

## 손가락 숫자를
## 많이 세게 해주세요

### 수학에서는 대략 많다, 적다고 느끼는 힘이 중요하다

간식 시간입니다. 아이가 좋아하는 젤리를 평소에는 10개씩 주는데 봉지 속에 8개밖에 남지 않았네요. 아이가 눈치채지 못하기를 바라면서 아무렇지 않은 얼굴로 접시에 담아줍니다. 그러자 금세 "적어요!"라는 아이의 목소리가 들립니다. 가장 좋아하는 주전부리니 당연히 알아차릴 법도 하지요.

이렇게 세어보지도 않고 대략적인 수를 판단하고 느끼는 뇌의 기능을 '수감각'이라고 합니다. 머리 꼭대기에서 조금 뒤의 두정

엽 골짜기 부근에 그 중추가 있어요. 어른이 마트에서 슬쩍 보고
도 딸기가 더 많이 든 팩을 고르거나, 아이들과 함께 시끄럽게 놀
다가도 한 명이 안 보인다는 사실을 깨닫고 찾을 때도 이 개수 시
스템에 관련된 신경세포가 작동합니다.[125]

수감각은 절대적인 수가 아니라 상대적 차이, 다시 말해 무언
가와 무언가를 서로 비교했을 때의 차이를 감각적으로 평가하는
것입니다. 그리고 10개에 4개를 더한 14개는 잘 알아차려도 100
개에 4개를 더한 104개는 알아차리기 힘들듯이 감도는 변화의 비
율로 정해집니다(베버의 법칙).

수감각은 태어난 지 얼마 되지 않아 발달하기 시작해서 4~8세
에는 40퍼센트의 차이(예를 들면 10개와 14개)를 느낄 수 있고,
그 뒤로도 천천히 계속 성장하여 어른이 되면 10, 20퍼센트의 차
이도 알아차릴 수 있다고 해요.[126]

최근 10년 사이에 유아기의 수감각 수준과 학교에 입학한 다
음의 수학 성적에 깊은 연관이 있다는 보고가 잇달아 나오고 있습
니다.

예를 들어 미국 존스홉킨스대학의 인지과학자인 저스틴 할버
다Justin Halberda 교수팀은 만 5세 때 수감각이 좋을수록 14세에 수
학 성적이 좋다는 사실을 알아냈다며, 세계적으로 가장 권위 있는
학술잡지 《네이처》에 보고했습니다. 화면상에 표시된 많은 파란

색과 노란색 구슬 중 어느 색깔이 더 많은지 감으로 아는 아이일 수록 나중에 수학을 더 잘하게 되었다고 해요.[127]

반면에 다른 교과는 문제가 없는데 수학만 어렵다고 하는 중학생은 수감각이 극단적으로 나쁘다는 보고도 있습니다.[128]

수감각은 확실하게 수를 세거나 생각하지 않고, 대략적으로 수를 느끼는 것을 말합니다. 이 분야의 연구는 아직 역사가 깊지 않아서 어째서 대략적으로 수를 느낄 수 있는 아이가 수학 성적이 더 좋은지 구체적으로 알려진 바는 없어요. 어쩌면 수감각이 몸에 배어 있어서 수학을 공부했을 때 이해가 더 잘되는 것일지도 모르겠어요.

어쨌거나 수학을 잘하려면 수감각에 민감한 것이 중요한 것 같습니다.

## 손가락을 많이 사용하면 수학 능력이 향상된다

그렇다면 유아기의 수감각을 발달시키려면 어떻게 하면 좋을까요?

아마존 지대에 사는 문두루쿠Mundurucu족은 수를 세는 말이 없는 민족으로 알려져 있어요. 프랑스국립보건의학연구소의 스타니슬라스 데하네Stanislas Dehaene 교수팀이 문두루쿠족의 수감각에 대해 알아본 결과, 학교에 다닌 적이 없는 사람은 어른이라도 선진국의 6세 아동 수준이었지만, 학교에 다녀 포르투갈어(수에 관한 말이 많다)를 배운 어른의 수감각은 정상적인 교육을 받은 선진국의 성인과 비슷한 수준으로 향상되었다고 합니다.

문두루쿠족에게는 수를 나타내는 말이 거의 전무합니다. 말이 없다는 것은 평소에 수를 의식하지 않는다는 것이지요. 하지만 학교에서 포르투갈어를 배우거나 수에 대해 공부하면 당연히 수를 의식하기 시작합니다. 그러면 뇌의 수감각에 관련된 신경세포가 활성화되어 수의 차이에 민감해지는 것으로 보입니다.

좋은 음색을 선별하는 청각을 가지려면 많은 음악을 듣는 수밖에 없고, 미각을 민감하게 단련하려면 다양한 맛을 경험하는 방법밖에 없습니다. 마찬가지로 수의 감각을 연마하려면 평소에 수를 많이 느껴야겠지요.

숫자가 없는 문두루쿠족의 사람들이 4 이상의 수를 느끼지 못하는 데서 알 수 있듯이, 수를 나타내는 말이 있기에 사람은 수를 느낄 수 있습니다. 이를테면 수감각이 예민한 사람은 사물의 수와 수를 나타내는 말을 잘 연결합니다.

그리고 사물의 수와 말을 연결하는 데 편리한 도구는 언제든지 바로 쓸 수 있는 '손가락'입니다. 아이의 수감각을 길러주려면 숫자를 셀 때 손가락을 많이 이용하세요. "오늘은 다섯 명이서 놀았다"라고 말하면서 손가락 다섯 개를 세워 보이기만 해도 아이의 뇌에 '5'를 나타내는 다섯 손가락의 이미지가 각인됩니다. 시각과 청각을 통해 여러 가지 수를 많이 느끼게 해주어 아이의 수감각을 키워주세요.

# 52
## 틀린 답을 써도 바로잡지 않기

가위표를 치면
공부에 흥미를 잃어요

### 구체와 추상을 오가면서 이해력이 커진다

어린아이는 구체적인 것을 쉽게 이해합니다. 반면에 "예의 바르게 행동해야지!"라고 해봐야 '예의 바르게'라는 말이 추상적이어서 잘 이해하지 못해요.

아이는 '예의 바르게'가 무슨 말이냐는 듯이 고개를 갸웃거립니다. 이럴 때는 신발을 가지런히 놓으라거나 자리에 얌전하게 앉으라는 식으로 구체적으로 말해주면 어린아이라도 잘 알아듣지요.

그리고 신발을 가지런하게 놓고, 자리에 얌전하게 앉는 등 구체적인 내용의 공통부분을 뽑아내서 '예의 바르게'라는 말을 추상적인 수준으로 이해할 만큼 성장하면 다른 예의 바른 행동도 알아서 생각해 응용할 수 있습니다. "예의 바르게, 알지?"라고만 해도 인사도 정리 정돈도 잘하며 동생을 돌봐주기까지 해요.

'야무진 아이'는 일일이 구체적으로 말하지 않아도 '예의 바르게'라거나 '딱 알맞게', '성실하게' 등의 추상적인 말을 이해하고 자기 나름대로 생각해서 행동합니다. 이것은 구체와 추상을 오가면서 일의 본질을 이해할 수 있기 때문이에요.

그 대표적인 추상이 바로 말과 수입니다. 두 살이 되면 생활 속에서 꽤 자유롭게 말을 하고, 네다섯 살이면 당연한 듯이 간단한 덧셈과 뺄셈이 가능해져요.

단 이것은 구체적이고 직감적입니다. 자신이 어떤 과정을 통해 생각하고 있는지는 몰라요. 그러니 이것을 추상화하고 논리적으로 생각하기 위해 국어의 문법을 배우고 수학에서는 계산과 도형을 학습하는 것입니다.

구체적＝직감적

추상적＝논리적

아직 많이 어리더라도 다섯 명이서 놀고 있을 때, 두 명이 곧 돌아가니 그다음에는 세 명이 놀 것이라는 구체적인 사실을 직감적으로 이해할 수 있어요. 하지만 이것을 계산 문제에서 논리적으로 생각하지는 못합니다.

그래도 이런 것을 여러 차례 경험하다 보면 언젠가 숫자라는 추상적인 수준에서도 이해할 수 있지요. '5-2=3'이라는 추상적인 문제를 과자를 먹을 때 남는 개수로 구체적으로 생각해보거나 손가락으로 생각해보듯이, 구체와 추상을 오가면서 본질적인 것을 이해하게 됩니다. 국어도 수학도 구체와 추상을 오가는 것이 중요해요.

본질을 알면 새로운 경험을 통해 더 깊이 이해하게 되므로 성장 속도가 빨라집니다.

추상적인 문제는 퀴즈나 학습지 등으로 풀어볼 수 있어요. 초등학교에 입학하기 1년 전에는 하루에 10분, 생활하면서 당연하게 해낼 수 있는 것을 학습지의 연습문제로 풀어보세요. 물론 매일 할 필요도 없고, 오래 할 것도 없습니다.

서점에 가면 여러 종류의 학습지가 판매되고 있어요. 내용이 아이에게 맞는지 아닌지는 아이가 즐기는지 여부를 보고 판단하면 됩니다. 아이는 자신이 계속 성장할 수 있는 것을 재미있어합니다.

아이가 즐기지 않는 것은 아직 생활에서 구체적인 경험이 부족하다고 보면 돼요. 구체적인 경험이 부족한 상황에서 연습문제로 풀어보는 것은 해로울 뿐입니다. 1을 더하는 것도 잘 이해할 수 없는데, 다음의 수가 정답이 된다는 풀이를 마주하고 있으면 어려우니 통째로 외우거나 부모의 눈치를 봐가면서 정답을 찾는 눈속임 기술이 늘어날 뿐 애당초 재미를 못 느낍니다. 유아기에는 재미있지 않으면 공부가 아니에요.

예의 바르게 행동하라는 말을 이해하지 못하는 아이에게 혼을 내며 가르쳐봐야 의미가 없듯이, 연습문제라는 추상적인 수준을 이해하지 못한다는 것은 구체적인 경험이 부족하다는 뜻이니 문제를 제대로 이해할 리가 만무합니다.

그러니 유아기에는 퀴즈나 문제 풀이에서 답을 맞히든 틀리든 전부 동그라미를 쳐주세요. 아무리 틀린 답이 많아도 "우아, 전부 맞았네. 이제 끝!" 하고 말입니다. 가위표를 쳐봐야 아이의 흥미만 떨어뜨릴 거예요.

아직 논리적으로 이해할 수준이 아니니 오답을 정답이라고 한다고 해서 아이가 잘못 외울 걱정은 전혀 없습니다. 그리고 그 연습문제는 서랍에 넣어두고, 아이의 수준에 맞는 것으로 바꾸세요.

아이의 발달은 제각각이어서 모든 것을 골고루 성장시키려고 너무 심각하게 여기지 않아도 됩니다. 전개도의 문제를 이해하지 못한다면 귤이나 바나나를 까보고 다시 조립해보거나, 상자를 분해해 공작하는 등의 구체적인 경험을 쌓게 해주세요. 아이가 당연하게 이해할 수 있을 때까지 함께 많이 놀아주면 됩니다.

# 울고 있는 아이에게
# 말을 거는 건 실례예요

저 역시 과거에는 아들을 잘 키워보겠다는 일념으로 혼신의 힘을 기울였습니다. 어릴 때부터 식사 예절, 정리 정돈, 예의범절 등 어른들의 온갖 규칙을 제대로 지키고, 친구들에게도 늘 친절하며, 그림책을 읽어주면 조용히 옆에서 듣고 있는 그런 모습이 바람직하다고 믿어 의심치 않았어요.

돌도 되기 전부터 상대방을 배려하라는 말을 계속 들려주었습니다. 집안일을 도우면 책임감을 키울 수 있다며 매일 정해진 일을 하도록 했어요. 아이가 "왜요?"라는 질문을 던지면 언제든지 정확한 대답을 하려고 가방에는 늘 사전과 도감을 넣고 다녔습니다. 하지만 이런 노력은 허망하게도 아무런 효과를 거두지 못했습니다.

어느 날, 저는 친구에게 장난감을 빌려주지 않는 아들에게 화가 난 나머지 다른 아이들하고만 놀고 아들을 일부러 따돌리는 말도 안 되는 행동을 했어요. '장난감을 빌려주지 않으면 무리에 끼지 못한다'는 것을 몸소 체험하게 하려고 말이지요. 하지만 사랑하는 엄마에게서 차가운 태도를 느낀 아들은 당연히 심한 스트레스를 받았고 더욱 안하무인격으로 행동하기 시작했습니다. 그리고 이에 더욱 화가 난 저는 아들에게 더 냉정한 태도를 보였지요. 그렇게 행동하는 것이 당연하다고 생각했습니다.

그러던 어느 날, 아들이 평소처럼 아이들에게 따돌림을 당하고는 울고 있었어요. 저는 이런 아들이 답답했지요. 친구들과 잘 지내기를 바라는 마음에서 그대로 내버려둘 수가 없었습니다. 울고 있는 아들에게 "그냥 울고 있어봐야 소용없어. 자, 이제 그만 울고 친구들에게 같이 놀자고 해봐" 하고 진심을 다해 설득했어요.

이때 지나가던 어떤 분이 이렇게 말했습니다. "울고 있는 아이에게 말을 거는 건 실례예요." 아이는 마음껏 울면서 생각하고 반성하며 강해진다는 겁니다. 그런데 부모가 일일이 간섭하면 스스로 일어서지 못하게 된다면서요. 저의 행동은 아이의 성장에 방해만 된다고 했습니다. 그 말이 제 폐부를 찔렀고, 저는 급기야 엉엉 울고 말았어요. 이때의 경험이 지금의 저를 만들었습니다.

당시에 저는 부모가 이것저것 도와주어야 아이가 성장할 수 있다고 생각했나 봅니다. 나름대로 아이를 제대로 키우려고 누구보다 노력한다고 자부해왔고 아들이 태어난 직후부터 많은 육아서를 읽었으므로, 스스로 할 수 있도록 지나치게 참견하는 것은 좋지 않다는 사실은 알고 있었어요. 하지만 현실에서 지나친 참견의 폐해를 체감하지 못하는 바람에 무의식적으로 계속 간섭을 해왔지요.

이 경험을 통해 아이의 성장을 방해하는 육아법에 대한 뼈아픈 교훈을 얻었습니다. 그 이후로 발달심리학 등을 공부하면서 아이가 지금은 못하는 것이 당연하고, 이것이야말로 성장하고 있다는 증거라는 것을 깨달았습니다. 그러면서 어깨에 힘을 빼고 아이를 '적당히' 키우자 아이는 점점 몰라보게 자립심이 커졌습니다.

자녀가 취학 전이라면 육아는 아직 시작 단계에 불과합니다. 발달 단계에 따라 자신감을 갖고 편하고 즐겁게 아이를 키우고 싶지요? 멀리서나마 여러분을 응원하겠습니다.

2019년 4월

해피에듀 대표 하세가와 와카

# | 참고문헌 |

1 三菱＆ＵＦＪリサーチ＆コンサルティング「子育て支援策等に関する調査2014」

2 Guo-Lin Chen, et al., Am J Med Genet B Neuropsychiatr Genet., 2012

3 Leszek A Rybaczyk, et al., BMC Women's Health, 2005

4 VictoriaHendrickM.D., et al., Psychosomatics, 1998

5 Dr GW Lambert, et al., the Lancet, 2002

6 Lam RW, et al., Psychiatry Res., 1999

7 Jacobs BL, et al., Neuropsychopharmacology, 1999

8 小林郁夫、電気学会研究会資料、2006

9 Lee S.Berk DHSc, MPH, et al., The American Journal of the Medical Sciences, 1989

10 Dean Mobbs, et al., Neuron, 2003

11 R. Nathan Spreng, et al., Neuroimage, 2011

12 RE Beaty, et al., Nature, 2015

13 CARL A. BENWARE, EDWARD L. DECI, American Educational Research Journal, Winter 1984, Vol 21, No. 4.

14 C. WEILLER, et al., NEUROIMAGE 4, 1996

15 Roy F. Baumeister, et al., Journal of Personality and Social

Psychology, 1998

16    Dianne M. Tice, et al., Journal of Experimental Social
      Psychology, 2007

17    Walter Mischel, et al., Nat Rev Neurosci., 2011

18    Huttenlocher P. R., Neuropsychologia, 1990

19    Roy F. Baumeister, et al., Journal of Personality, 2006

20    Andrew Simpson, et al., British Journal of Developmental
      Psychology, 2005

21    Turiel E, The development of social knowledge: Morality and
      convention. Cambridge, England: Cambridge University Press,
      1983

22    Nucci L, et al., Child Development, 1978

23    Charlotte Bühler, From Birth to Maturity, 1999

24    ジャン・ピアジェ著、大伴茂訳、『臨床児童心理学 第3 児童道徳判
      断の発達』、同文書院、1957

25    Selman R., Social-cognitive understanding. In Lickona T (Ed.),
      Moral development and behavior. New York (1976)

26    荒木紀幸編著『道徳教育はこうすれば面白い』、北大路書房、1988

27    Fink, R. S., Psychological Reports, 1976   Angeline S. Lillard,
      et al., Psychological Bulletin, 2013

28    メラニー・フェネル著、曽田和子訳、『自信をもてないあなたへ』、
      ＣＣＣメ

29    松村暢隆、Jap. J. of educ. Psychol., 27, 169, 1979

30    Bjorklund, D, F. & Pellegrini, A. D. 2002 The origins of
      human nature. American Psychological Association.

31    Roy F. Baumeister, et al., Psychol. Sci. Public Interest, 4, 1,
      2003

32 Alice Miller, International Review of Psycho-Analysis, 6, 61, 1979

33 Elizabeth W. Dunn, et al., Science, 2008

34 コリン・ターンブル著、幾野宏翻訳『ブリンジ・ヌガグ 食うものを くれ』、筑摩書房、1974

35 Felix Warneken and Michael Tomasello, Developmental Psychology, 2008

36 https://nwec.repo.nii.ac.jp/?action=repository_uri&item_id=18712&fi le_id=22&file_no=1

37 http://www.mext.go.jp/b_menu/shingi/chousa/shotou/053/shiryo/__icsFiles/afieldfile/2009/03/09/1236114_3.pdf

38 G., et al., Brain Research Cognitive Brain Research, 1996

39 Rizzolatti G, et al., Nature Review Neuroscience, 2, 661, 2001

40 Meltzoff A. N., et al., Science, 1977

41 Chartrand T., et al., J. Pers. Soc. Psychol., 1999

42 Ivan Norscia, et al., PloS one, 2011

43 Iacoboni M., Nature Review Neuroscience, 2006

44 Iannotti R. J., Developmental Psychology, 1985

45 Jackson P., et al., Neuropsychologia, 2006 Batson C. D., et al., J. Pers. Soc. Psychol., 1997

46 U Liszkowski, et al., Journal of Cognition and Development, 2009

47 Michael Lewis, Social Cognition and the Acquisition of Self. Plenum Press, 1979

48 Marino L., et al., (Eds.) S. T. Parker, R. W. Mitchell, & M. L. Boccia, Self-Awareness in Animals and Humans: Developmental Perspectives, 1994. New York: Cambridge

University Press.

49    Joshua M. Plotnik, et al., PNAS, 2006

50    N. Eisenberg, et al., "Inequalities in Children's Prosocial Behavior: Whom Do Children Assist?" in The Child's Construction of Social Inequality, ed. R. Leahy (New York: Academic Press, 1983)

51    Jan M. Engelmann, et al., PLoS One, 2012

52    KL Leimgruber, PLoS One, 2012

53    Ruth Feldman, Neuropsychopharmacology, 2013

54    PJ Zak, et al., PloS one, 2007

55    Kristina R. Olson, et al., Cognition, 2008

56    Samuel P. Oliner and Pearl M. Oliner. The Altruistic Personality: Rescuers of Jews in Nazi Europe . New York: The Free Press, 1988

57    Zahn-Waxler, et al., Development and Psychopathology, 27–48(1995)

58    William T. Harbaugh, et al., Science, 2007

59    MARIA MONTESSORI, THE DISCOVERY OF THE CHILD, KALALSHETRA (1958)

60    John Colombo, Annual Review of Psychology, Vol. 52, 2001, pp. 337 – 367

61    Holly A. Ruff, et al., Child development, 1990

62    Mutual Gaze During Early Mother-Infant Interactions Promotes Attention Control Development, Child development, 89   Doi.org/10.1111/cdev.12830

63    Chen Yu, et al., current biology, 2016

64    杉村健ら、奈良教育大紀要、24、1975

65  Harlene Hayne, et al., Developmental Psychobiology, 2011

66  Yan Ouyang, et al., PNAS, 1998

67  O'Neill JS, et al., Science, 2008

68  Scott A. Rivkees, PEDIATRICS, 2003

69  Jamie M. Zeitzer, et al., The Journal of Physiology, 2004

70  Shigekazu Higuchi, et al., J Clin Endocrinol Metab, 2014

71  Kenway Louie, et al., Neuron, 2001

72  Van Dongen, et al., Sleep, 2003

73  Aric A. Prather, et al., Sleep, 2015

74  Viktor Roman, et al., Sleep, 2005

75  Jonathan R. Whitlock, et al., Science, 2006

76  ANNA ASHWORTH, et al., J. Sleep Res., 2014

77  Matthew P. Walker, et al., letters to nature, 2003

78  Kenichi Kuriyama, et al., Learning & Memory, 2004

79  Carolyn J Gerrish and Julie A Mennella, Am. J. Clin. Nutr., 2001

80  Elsa Addessi, et al., Appetite, 2005

81  Leann L. Birch, et al., Child Development, 1980

82  Amy T. Galloway, et al., Appetite, 2008

83  Leann L. Birch, N. Engl. J. Med., 1991

84  Rubinstein J. S., et al., J. Exp. Psychol. Hum. Percept. Perform., 2001

85  Lori A. Francis, et al., J. Am. Diet Assoc., 2006

86  Katharine A, et al., Pediatrics, 2001

87  Juliane Kämpfe, et al., Psychology of Music, 2011

88  志澤美保ら、小児保健研究、2009

89  Tetsuya Kamegai, et al., Eur J Orthod., 2005

90    Judy S. DeLoache, et al., Psychological Science, 2010

91    Krcmar M., et al., Media Psychology, 2007

92    Sarah Roseberry, Child Dev., 2019

93    Veena Mazarello Paes, et al., BMJ Open, 2015

94    Deborah L., et al., J. Dev. Behav. Pediatr., 2014

95    Russell Jago, et al., Am. J. Prev. Med., 2012

96    M. J. Koepp, et al., Nature, 1998

97    都築郁子ら、保育学研究、2009

98    Chaddock-Heyman L., et al., PLoS One, 2015

99    Chaddock-Heyman L., et al., Medicine & Science in Sports & Exercise, 2011

100   Huang EJ, et al., Annu. Rev. Neurosci., 2001

101   杉原隆、他、体育の科学、2011

102   杉原隆、他、体育の科学、2010

103   関口はつ江、他、幼児の読み書き能力の発達差の要因について、日本教育心理学会、1994

104   A. H. Buss and R. Plomin, Temperament: Early Developing Personality Traits (Erlbaum, Hillsdale, NJ, 1984); L. J. Eaves, H. J. Eysenck, N. G. Martin, Genes, Culture and Personality (Academic Press, New York, 1989)

105   柏木恵子、『幼児期における「自己」の発達』、東京大学出版会、1988

106   二宮克美、小学生の「たくましい社会性」の日米比較、愛知学院大学教養部紀要、1995; 祖父江孝男ら編著『日本の教育力』、金子書房、1995

107   Valerie Muter, et al., Developmental Psychology, 2001

108   高橋登、Japanese Journal of Educational Psychology, 1996

109 岸本裕史著、『見える学力、見えない学力』、大月書店、1994
110 島村直己、他、Japanese Journal of Educational Psychology, 1994
111 歌代萌子、他、東京学芸大学紀要、2015
112 小林哲生、他、ＮＴＴ技術ジャーナル、2015
113 Mills D. L., et al., Developmental Neuropsychology, 1997
114 Franzo Law, II, Lang Learn Dev., 2015
115 Nereyda Hurtado, et al., Dev Sci., 2008
116 Adriana Weisleder, et al., Psychol Sci., 2013
117 Erika Hoff-Ginsberg, Journal Discourse Processes, 2009
118 S Ohgi, et al., Acta Paediatrica, 2010
119 Evans M., et al., Psychological Science, 2005
120 Andrew Biemiller and Catherine Boote, Journal of Educational Psychology, 2006
121 Yont K. M., et al., Journal of Pragmatics, 2003
122 佐藤鮎美、他、発達心理学研究、2012
123 Caron A.C. Clark, et al., Child Dev., 2013
124 Nancy C. Jordan, et al., Dev Psychol., 2009
125 Andreas Nieder, Journal of Comparative Physiology A, 2013
126 Manuela Piazza, et al., Psychol Sci., 2013
127 Justin Halberda, et al., Nature, 2008
128 Michèle M. M. Mazzocco, et al., Child Dev., 2011

옮긴이 **황미숙**
경희대학교 국어국문학과를 졸업하고 한국외국어대학교 통번역대학원 일본어과에서 석사학위를
취득했다. 현재 번역 에이전시 엔터스코리아에서 출판기획 및 일본어 전문 번역가로 활동하고 있다.
옮긴 책으로는 「공부머리 최고의 육아법」 「호감 있는 아이로 키우는 엄마 공부」 「발달놀이 육아법」
「화날 때 쓰는 엄마 말 처방전」 「아이 체온의 비밀」 등 다수가 있다.

# 적당히 육아법

**초판 1쇄 발행** 2020년 3월 13일
**초판 14쇄 발행** 2023년 8월 28일

**지은이** 하세가와 와카 **옮긴이** 황미숙

**발행인** 이재진 **단행본사업본부장** 신동해
**편집장** 김예원 **표지디자인** 최보나 **본문디자인** P.E.N. **교정교열** P.E.N.
**마케팅** 최혜진 신예은 **홍보** 반여진 허지호 정지연
**국제업무** 김은정 김지민 **제작** 정석훈

**브랜드** 웅진리빙하우스
**주소** 경기도 파주시 회동길 20
**문의전화** 031-956-7363(편집) 031-956-7087(마케팅)
**홈페이지** www.wjbooks.co.kr
**인스타그램** www.instagram.com/woongjin_readers
**페이스북** https://www.facebook.com/woongjinreaders
**블로그** blog.naver.com/wj_booking

**발행처** ㈜웅진씽크빅
**출판신고** 1980년 3월 29일 제406-2007-000046호

한국어판 출판권 © ㈜웅진씽크빅 2020
ISBN 978-89-01-23996-5 03590

웅진리빙하우스는 ㈜웅진씽크빅 단행본사업본부의 브랜드입니다.